GUANYU YUZHOU NI YAO ZHIDAO DE 100 JIAN SHI

关于宇宙，你要知道的100件事

英国尤斯伯恩出版公司 编著

邱 亮 田丽贤 译

接力出版社
Publishing House

在浩瀚的宇宙面前，
人类有着无穷的好奇心与探索欲。
大爆炸是怎么回事？
虫洞真的能把人带去另一个时空？
只有土星才拥有星环？
……
在找寻一个个答案的过程中，
人类对宇宙的认识不断深入。
如果你也对宇宙充满好奇，
那就翻开这本书，
解锁时空中的各个谜团吧！

1 在宇宙中生活……

就像是坐在一架转个不停的旋转木马上。

你站在地面上静止不动时，是感觉不到自己在移动的。可事实上，我们脚下的地球正高速在宇宙中运转。

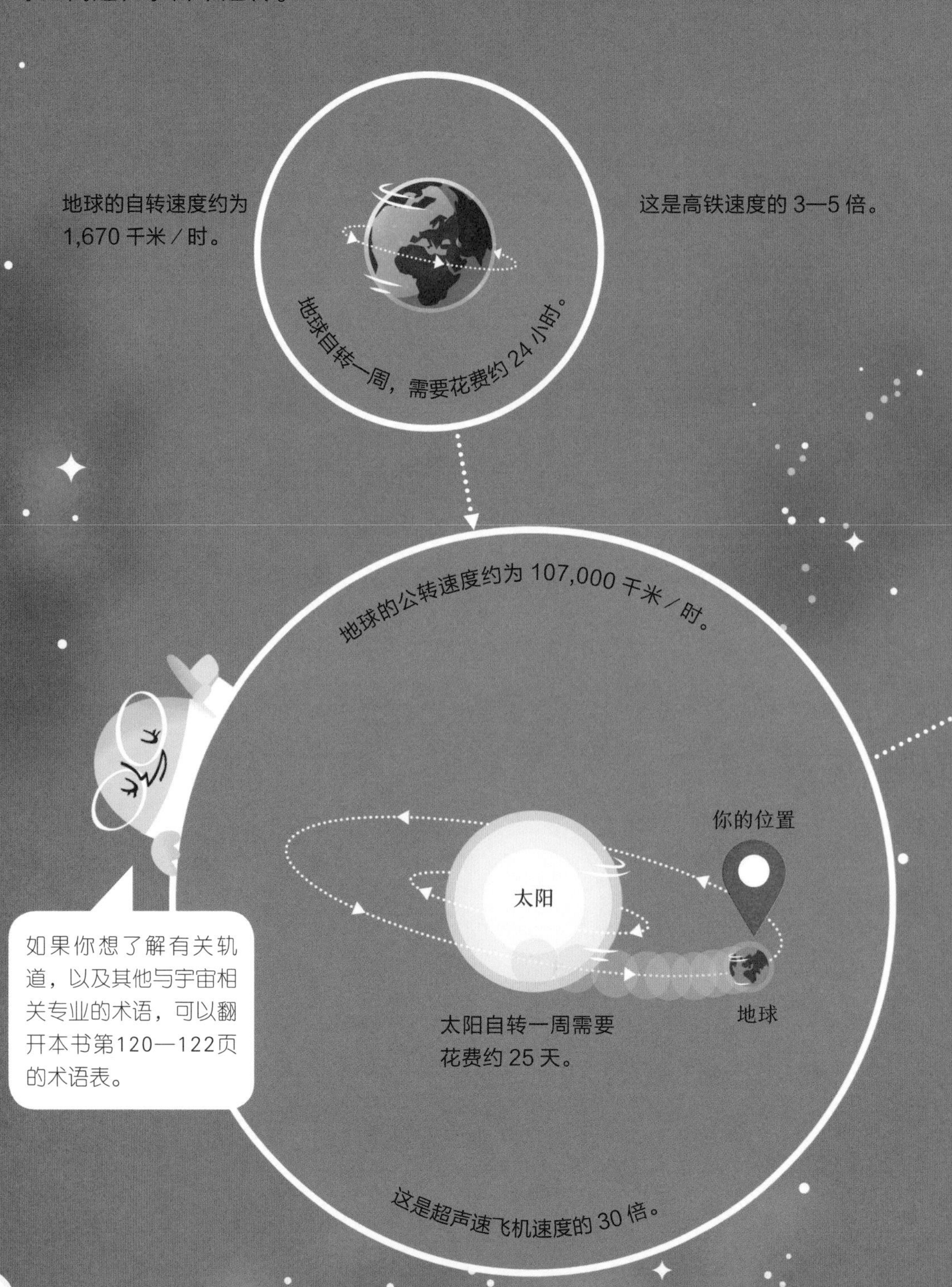

太阳和八颗行星、卫星、众多的小行星、彗星、流星体等构成了太阳系，它们绕着银河系中心按轨道运行。

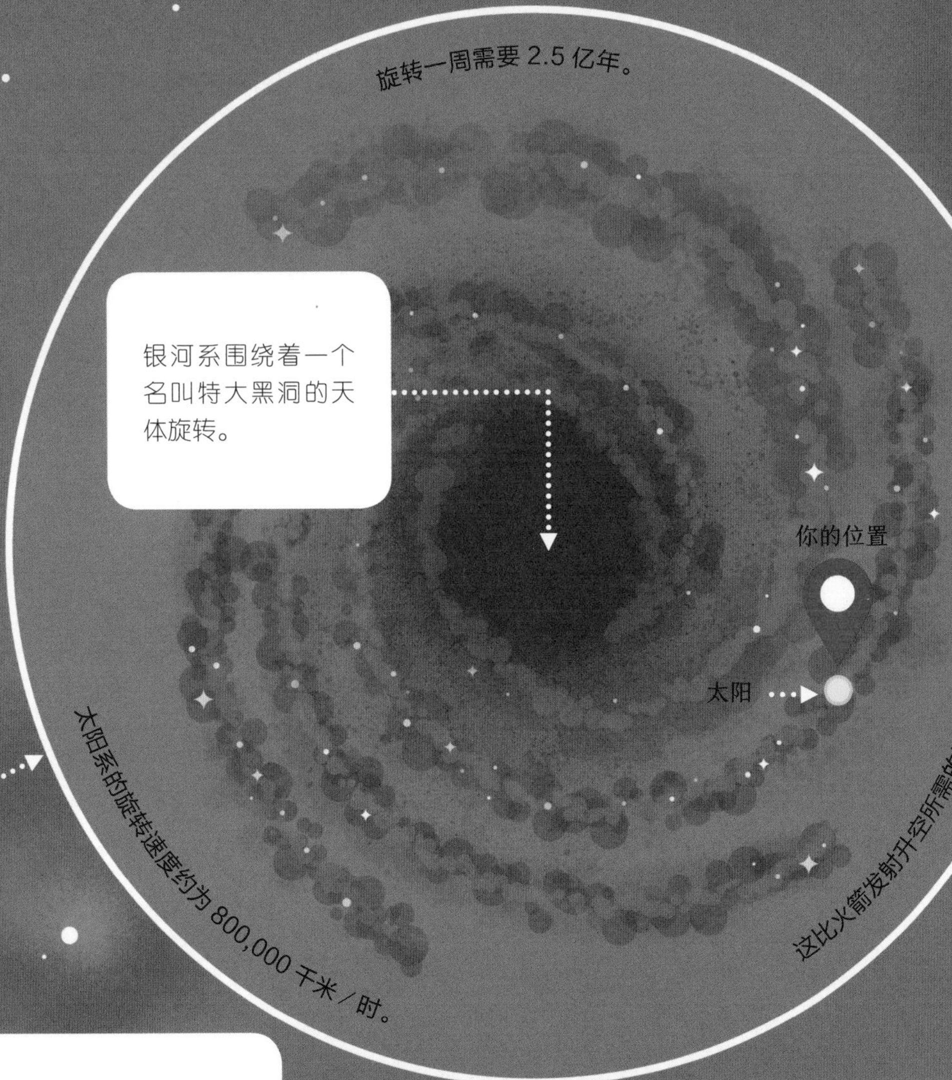

2 宇宙广袤无边……

直到现在，人类都不知道它的范围究竟有多大。

1920 年以前，天文学家一直坚信银河系就是宇宙的全部。后来，通过望远镜，他们又发现了许多新的星系。

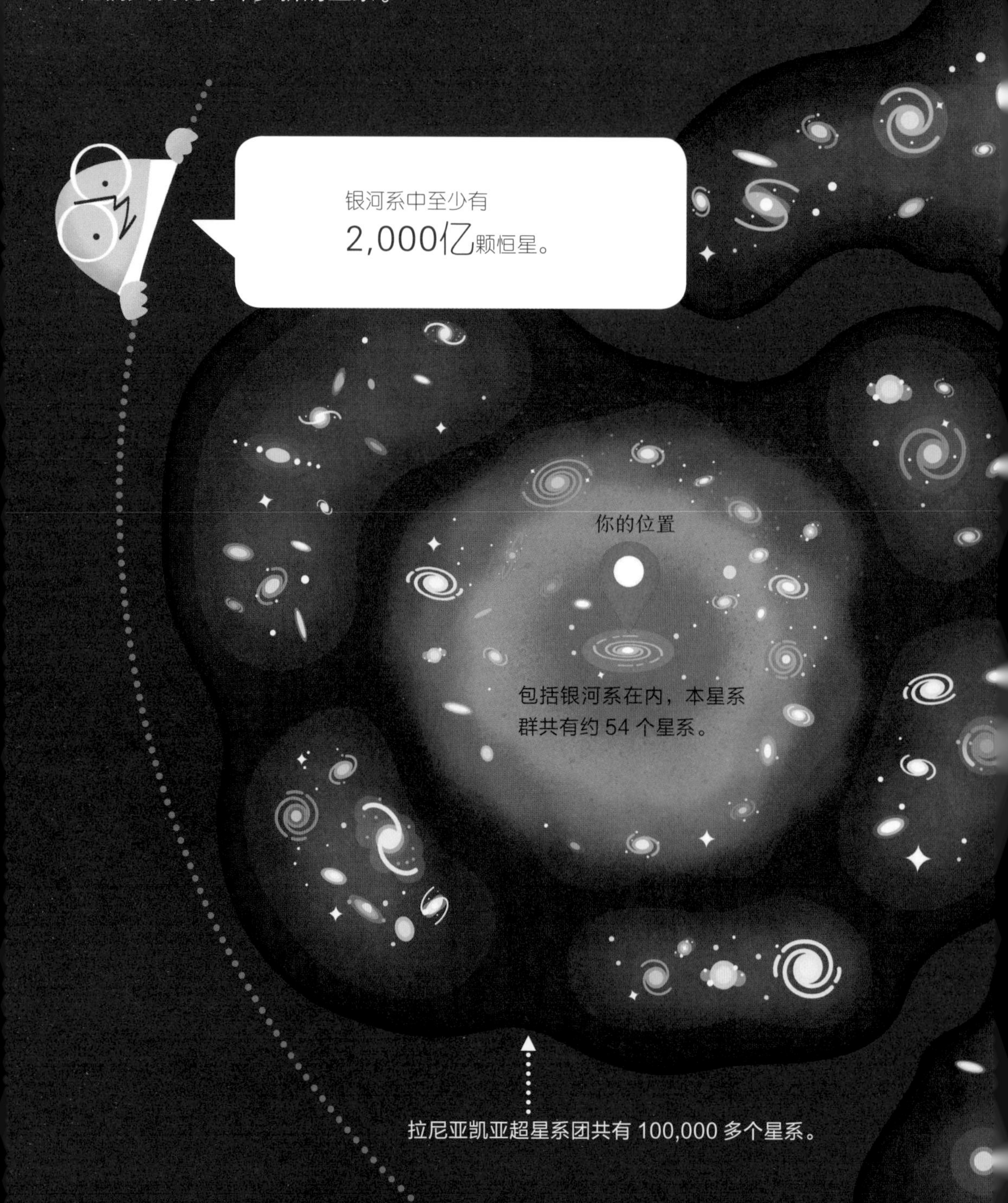

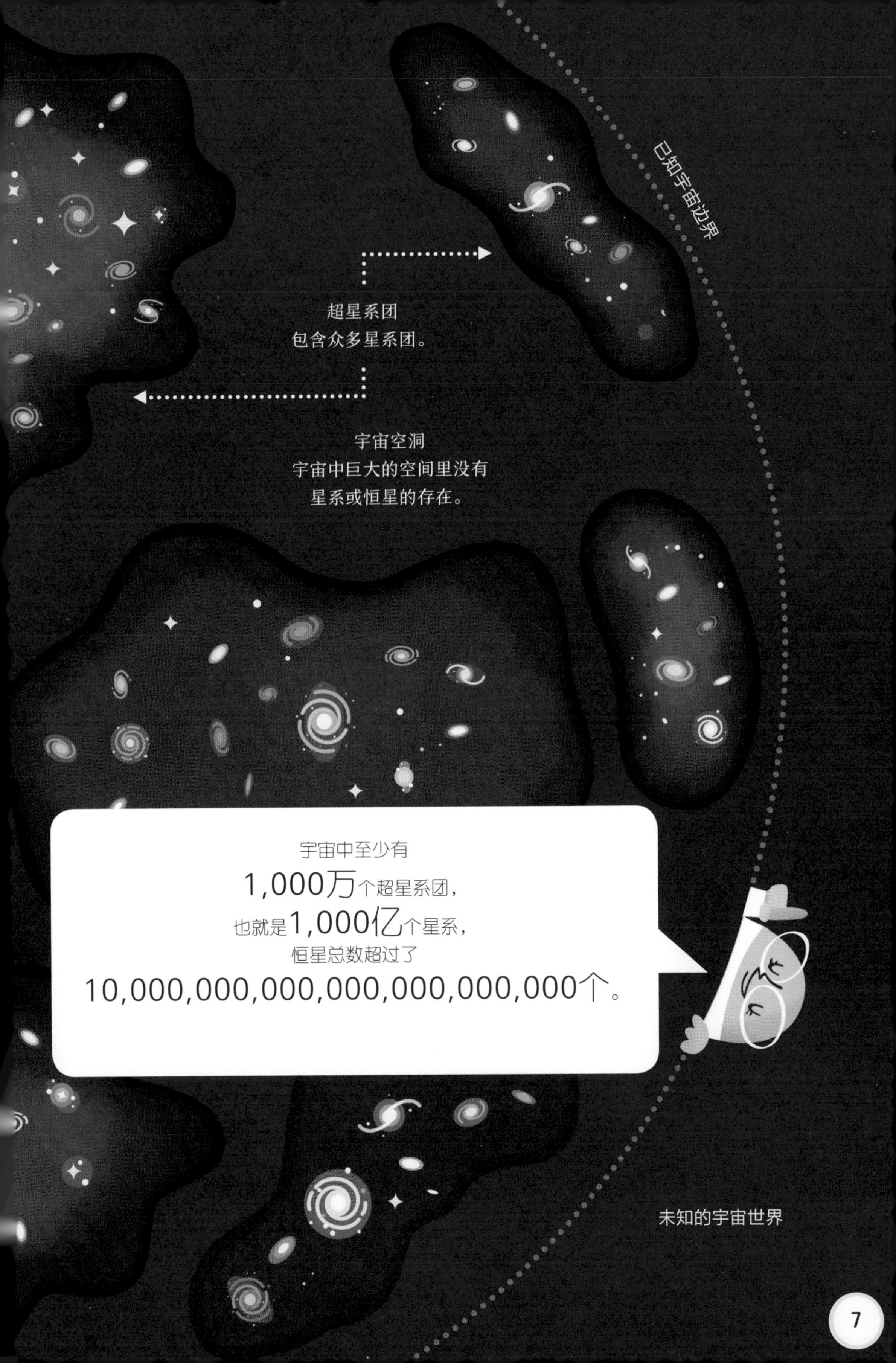
已知宇宙边界
超星系团
包含众多星系团。
宇宙空洞
宇宙中巨大的空间里没有
星系或恒星的存在。
宇宙中至少有
1,000万个超星系团，
也就是1,000亿个星系，
恒星总数超过了
10,000,000,000,000,000,000,000个。
未知的宇宙世界

3 以前，要想成为航天员……

首先你要学会说俄语。

许多航天员乘坐俄罗斯制造的火箭进入太空，这些火箭的控制装置上都用俄语书写，而国际空间站（ISS）的一半航天员也是俄罗斯人。另外，要想成为航天员，还需要满足下列条件：

4 每天大约有 15 次机会……

在空间站看到日落。

空间站是一种在近地轨道长期运行，供航天员休息和工作的载人航天器。空间站绕地球转一圈需要 92 分钟，也就是说，大约每隔 46 分钟，航天员就能看到一次日出或日落。

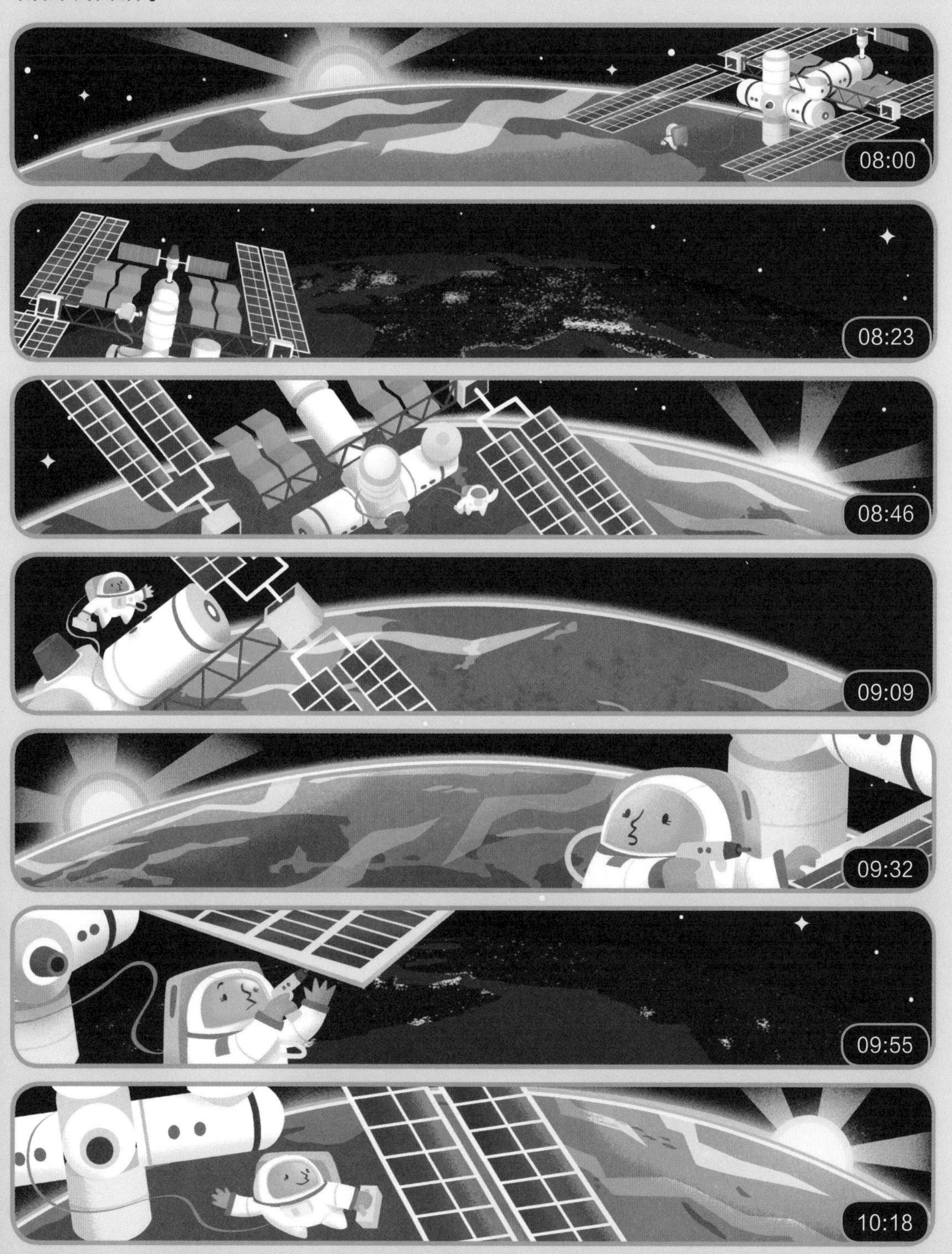

5 玛雅人根据金星的运行规律……

来部署战事。

1,000 多年以前，生活在中美洲一带的玛雅人对于天文学知识十分精通，他们预测出了太阳、月亮、恒星和行星的运行规律，并且大多数准确率都在 99.9% 以上。

6 有人数过星星，发现……

夜空中共有 9,096 颗恒星。

经过多年观星，天文学家多丽特·霍夫莱特编成了一份《耶鲁亮星星表》，表中包括夜空中肉眼可见的恒星，一共有 9,096 颗。

站在地球上，我们只能看到地平线以上一半的星星。

但如果利用手持望远镜，我们就能看到上百万颗恒星。

7 曾经有 11 颗行星……

存在于太阳系中。

按照现在的标准，太阳系中只有 8 颗行星。而在过去，曾有多达 19 个不同的天体被认定为“行星”。

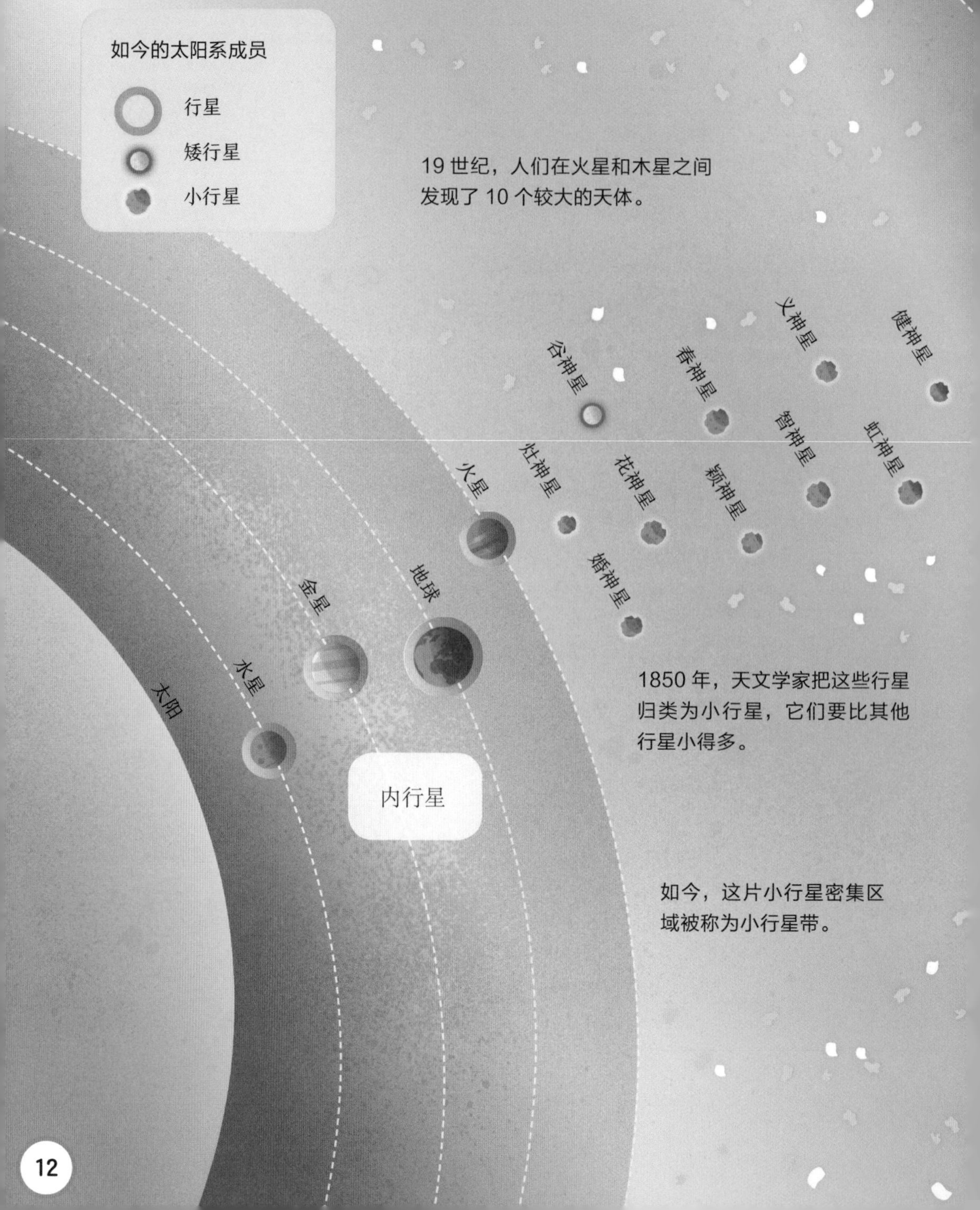

如今的太阳系成员

行星

矮行星

小行星

19 世纪，人们在火星和木星之间发现了 10 个较大的天体。

谷神星

春神星

义神星

健神星

智神星

虹神星

灶神星

花神星

颖神星

婚神星

火星

地球

金星

水星

太阳

内行星

1850 年，天文学家把这些行星归类为小行星，它们要比其他行星小得多。

如今，这片小行星密集区域被称为小行星带。

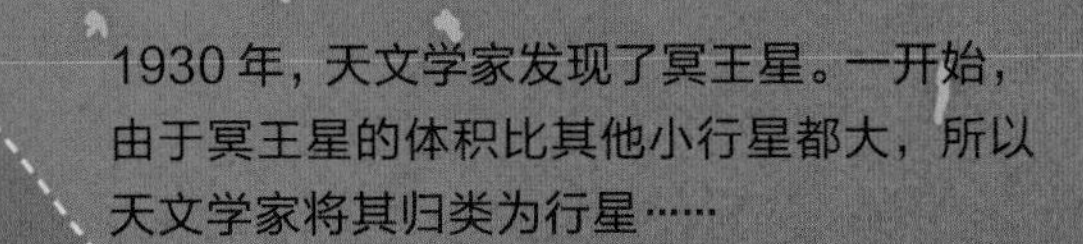

1930 年，天文学家发现了冥王星。一开始，由于冥王星的体积比其他小行星都大，所以天文学家将其归类为行星……

木星 土星 天王星 海王星 冥王星 妊神星 鸟神星 阋神星

后来，人们又发现了好几颗和冥王星体积差不多的天体。经投票决定，2006 年国际天文学联合会将冥王星列为矮行星。

外行星

什么是行星?

太阳系诞生时，大量的岩石和尘埃聚集在一起，形成了大小不同、形状不同的块体。

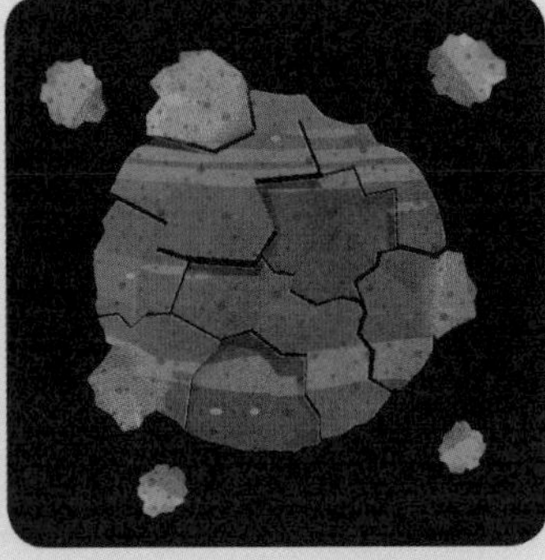

有些团块的体积和质量较大，其中大的一些就被称为行星，它们在自身的重力作用下不断收缩。

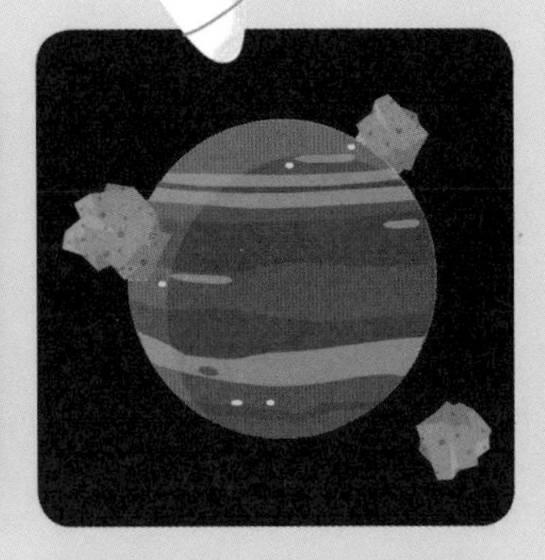

行星在形成过程中，不断吸引附近的小行星。而矮行星等小团块引力小，无法吸引附近的小行星。

8 月球原本是……

地球的一部分。

科学家认为，月球是由小天体与地球碰撞后形成的。两者相撞后，一些碎片飞入太空中，那些较大的碎片聚集在一起，最终形成了月球。

以下是月球和其他一些星球的主要组成物：

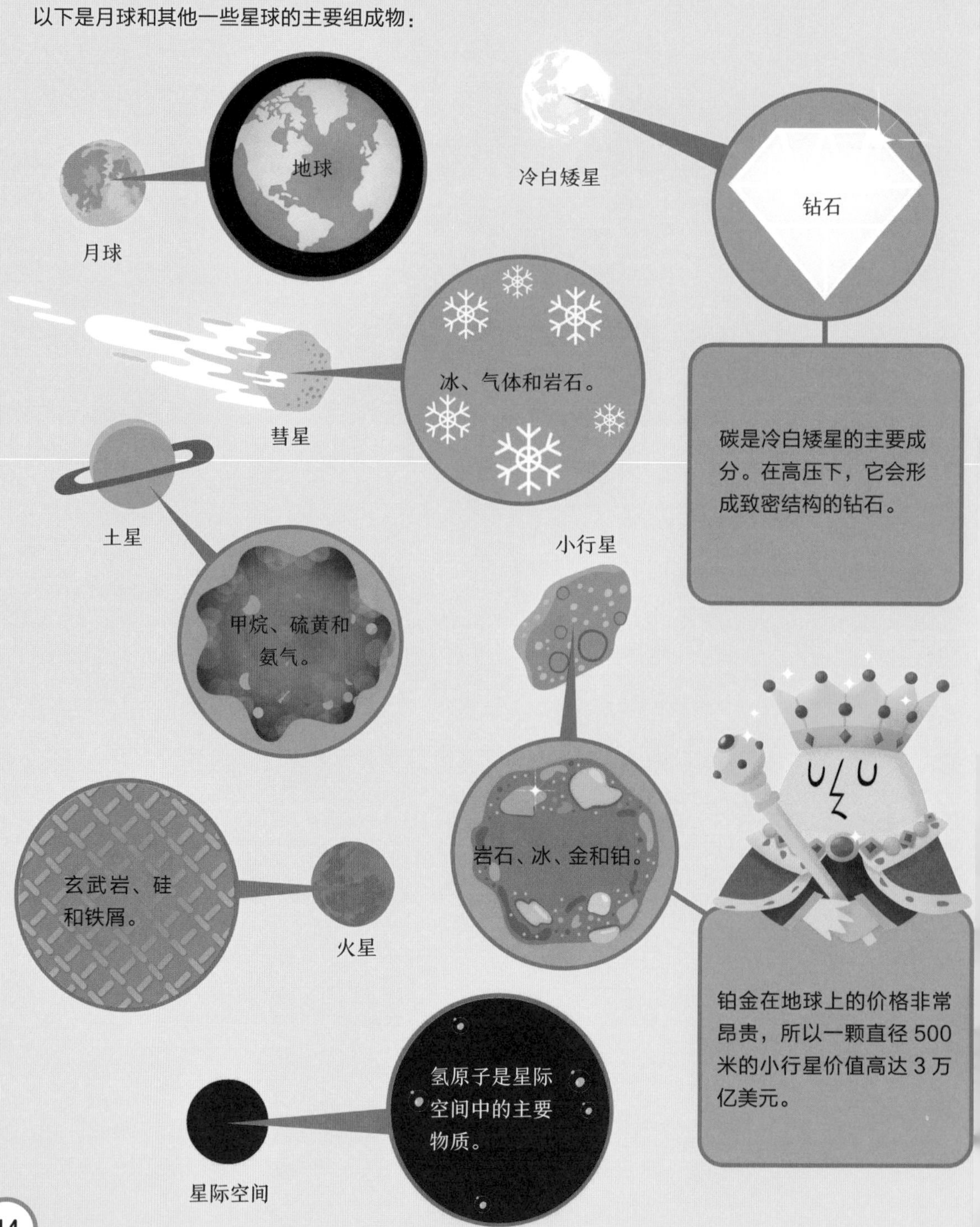

9 宇宙中最冷的地方……

就在地球上。

以下是宇宙中极冷的几个地方：

月球：

－247℃

这是月球上处于阴影处的埃尔米特陨石坑底部的温度。

太空：

－272.15℃

这是太空中旋镖星云快速膨胀的气体的温度。

地球：

低于－273.14℃

实验室里，科学家用激光剔除了一团原子云中能量高的原子，只留下最冷的原子，从而创造了地球上最低的温度纪录。

理论极限值：

－273.15℃

－273.15℃是热力学的最低温度，也被叫作绝对零度。

尽管科学家们已经获得了仅比绝对零度高数十亿分之一摄氏度的极低温度，但永远不可能得到绝对零度。

10 你可以在白天看到星星……

只要有一架射电望远镜。

恒星能发出包括无线电波、微波和光在内的各种能量。
利用射电望远镜，天文学家不用等到晚上，在任何时刻都能观察到它们。

恒星发出的能量将以波的形式进行传播。

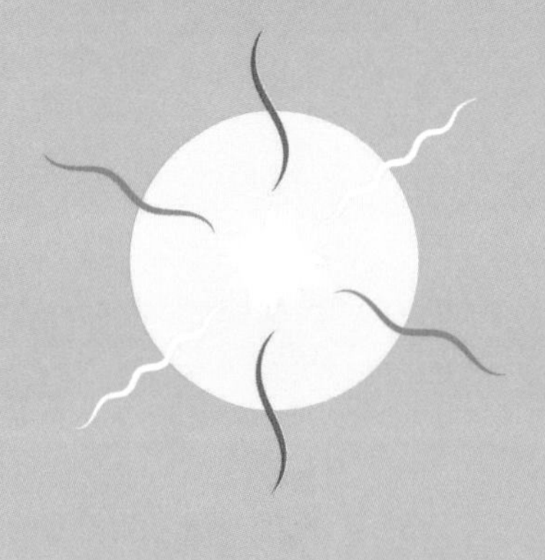

两个相邻的波峰或波谷之间的长度称为波长。

可见光：波长中等的电磁波。

微波：波长较长的电磁波。

无线电波：波长超长的电磁波。

11 夜空中充满了光……

但我们却看不到。

浩瀚无际的宇宙中存在着无数颗恒星。随着夜幕降临，万千颗星星闪烁着亮光，可天空依旧是漆黑一片。

恒星发出的光以波的形式在宇宙中传播，因此被叫作光波。

宇宙一直不断向外膨胀，这让恒星彼此之间的距离会越来越远。有些恒星快速远离我们，因此光波被拉长。

拉长后的光波成了不可见光。如果我们能看到这些光，那夜空将是一片明亮。

12 现有的物理学定律均不适用于……

宇宙刚刚诞生的时候。

宇宙起源于大约 138.2 亿年前的一场大爆炸，一个名叫奇点的炽热的、稠密的斑点迅速膨胀，形成了宇宙，并诞生了空间、物质和能量。

科学家对宇宙大爆炸发生后第 1 秒内发生的事情已经有了相当多的了解。不过，第 0.0000000000000000000000000000000000000000001 秒（小数点后 42 个 0）内所发生的事情，至今仍然是个谜。

一开始，宇宙的体积非常小，温度却极高（高达 1,000 多亿摄氏度），密度极大。

那时的宇宙还没有星系、恒星和原子。我们今天所谈论的时间、空间、引力和光，在当时也都不存在。

从诞生的那一刻开始，宇宙中便充满了许多未解之谜。直到今天，所有的数学运算都无法把这些现象解释清楚。

13 月食……

曾经改变了历史的进程。

当太阳、地球和月球位于同一直线上，而月球进入地球本影区域时，就会形成月食。

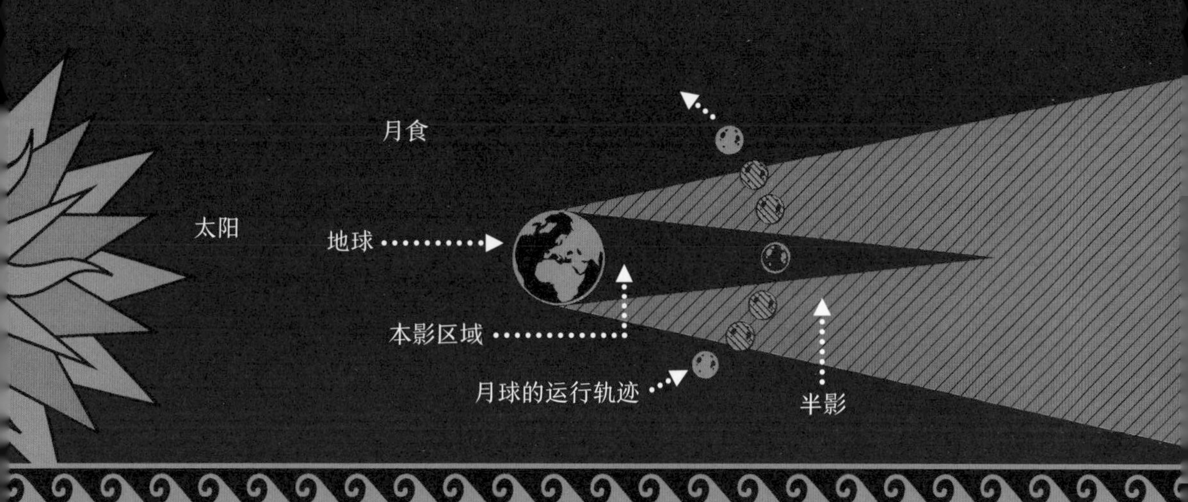

大约 2,400 年前，雅典军队攻打西西里岛的城邦锡拉库萨。在围攻失败后，雅典军队决定撤退。

正当雅典军队的战船准备起锚回国时，突然发生了月食。雅典人认为这是不祥的预兆，因此不敢冒险出海。

锡拉库萨军队抓住了雅典人犹豫不决的时机，乘势进攻，击沉了部分雅典军队的战船。雅典人因为迷信而一败涂地。

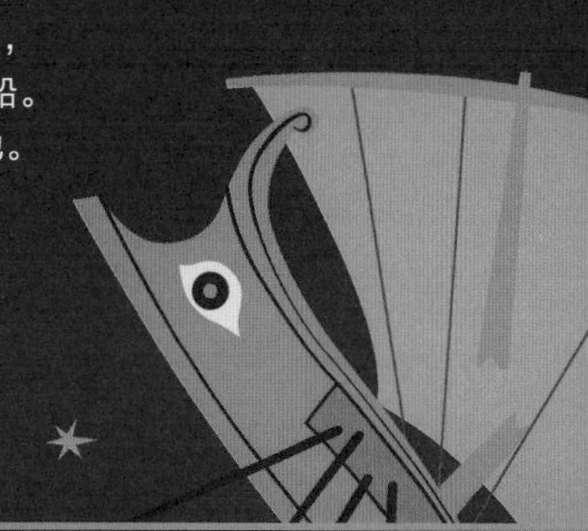

14 太阳系的边缘到太阳的距离……

是太阳与冥王星之间距离的 1,000 多倍。

地球和太阳之间的距离十分遥远，因此科学家们提出了天文单位（AU）的概念，用它来计量天体之间的距离。下图展示了一些天体与太阳之间的距离。

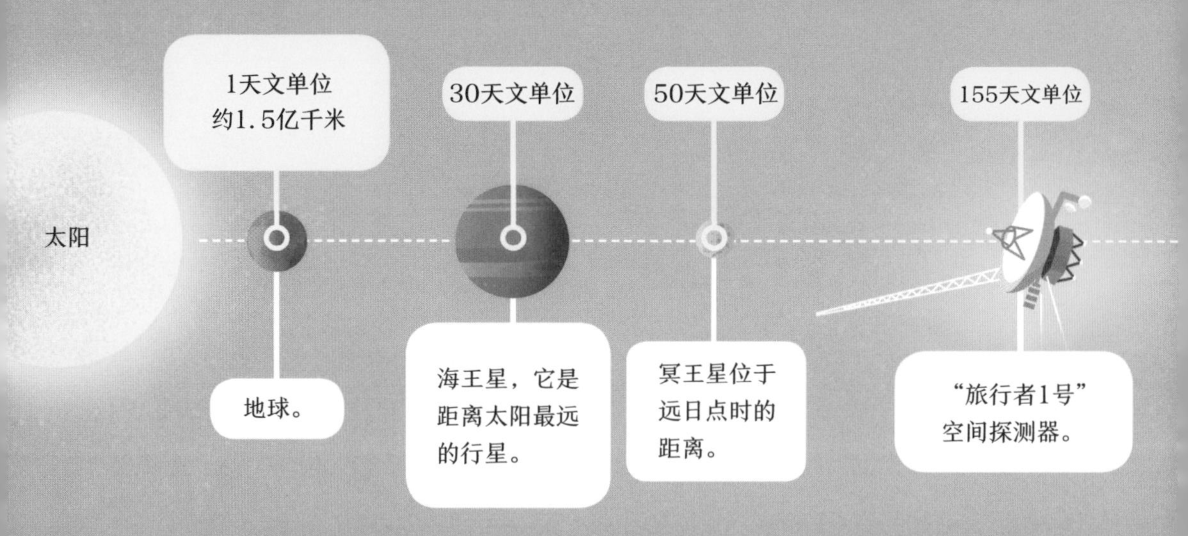

15 已知的宇宙的边缘……

距离太阳 460 亿光年。

在太阳系外用光年计算距离。光年是光一年所走过的距离。光的传播速度非常快，所以这些距离非常遥远，远到其他长度单位都无法测量。

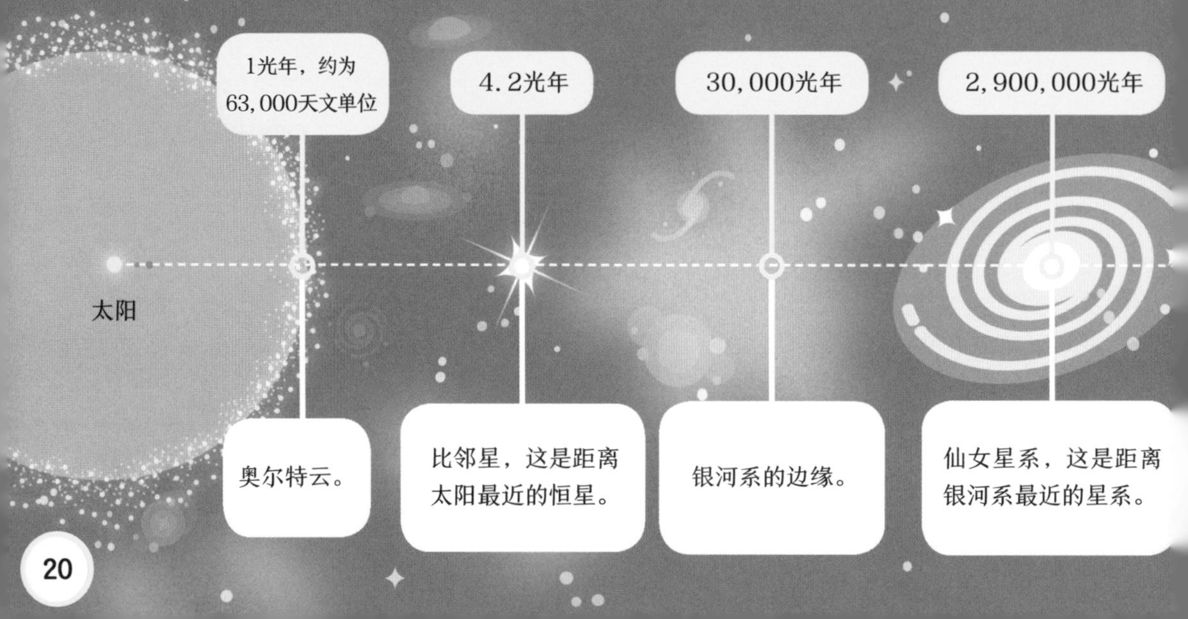

63,000天文单位

奥尔特云是一个包围着太阳系的球形云团，里面布满彗星。

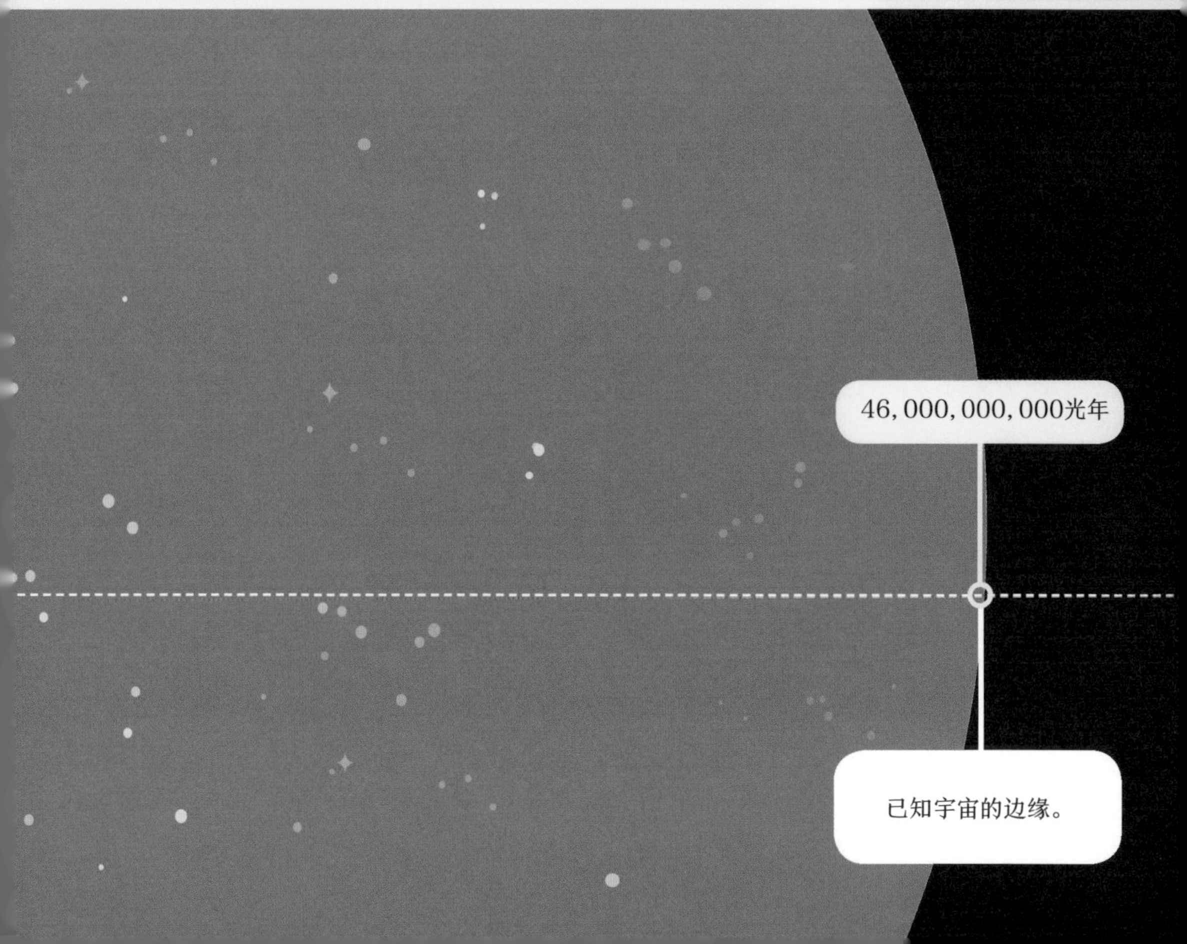

46,000,000,000光年

已知宇宙的边缘。

16 世界上最早的航天员是……

果蝇。

宇宙飞船刚刚被发明成功时，科学家们并不知道太空飞行对人类是否安全，因此他们派出了由果蝇、猴子、狗和兔子等动物组成的航天员团队。

1947 年

首个进入太空的动物：果蝇

美国科学家用 V-2 火箭将果蝇送到了 109 千米高的高空，最终果蝇安全返回。

1949 年

猕猴艾伯特二世

第一个进入太空的哺乳动物是猕猴艾伯特二世。不幸的是，火箭返回地球时与地面发生猛烈撞击，艾伯特二世因此丧命。

1951 年

流浪狗德利卡和吉卜赛

德利卡和吉卜赛是第一批在太空旅行后幸存下来的哺乳动物。不久后，德利卡再次进入太空，但不幸死亡。

1959 年

兔子马尔弗沙

马尔弗沙与两条狗被成功送入太空，并安全返回地球。

1961 年 1 月

黑猩猩哈姆

哈姆在成功执行太空飞行任务后，被送到了华盛顿国家动物园。

1961 年 4 月

苏联航天员尤里 · 加加林

继一系列航天动物实验后，尤里 · 加加林成为第一个进入太空的人类。

17 航天员鼻子痒时……

可以用航天服头盔里的魔术贴来挠一挠。

航天员出舱时，都会穿戴着一套特殊的装备，也就是舱外航天服（EMU）。它的功能十分强大，可以为航天员提供全方位的保护。

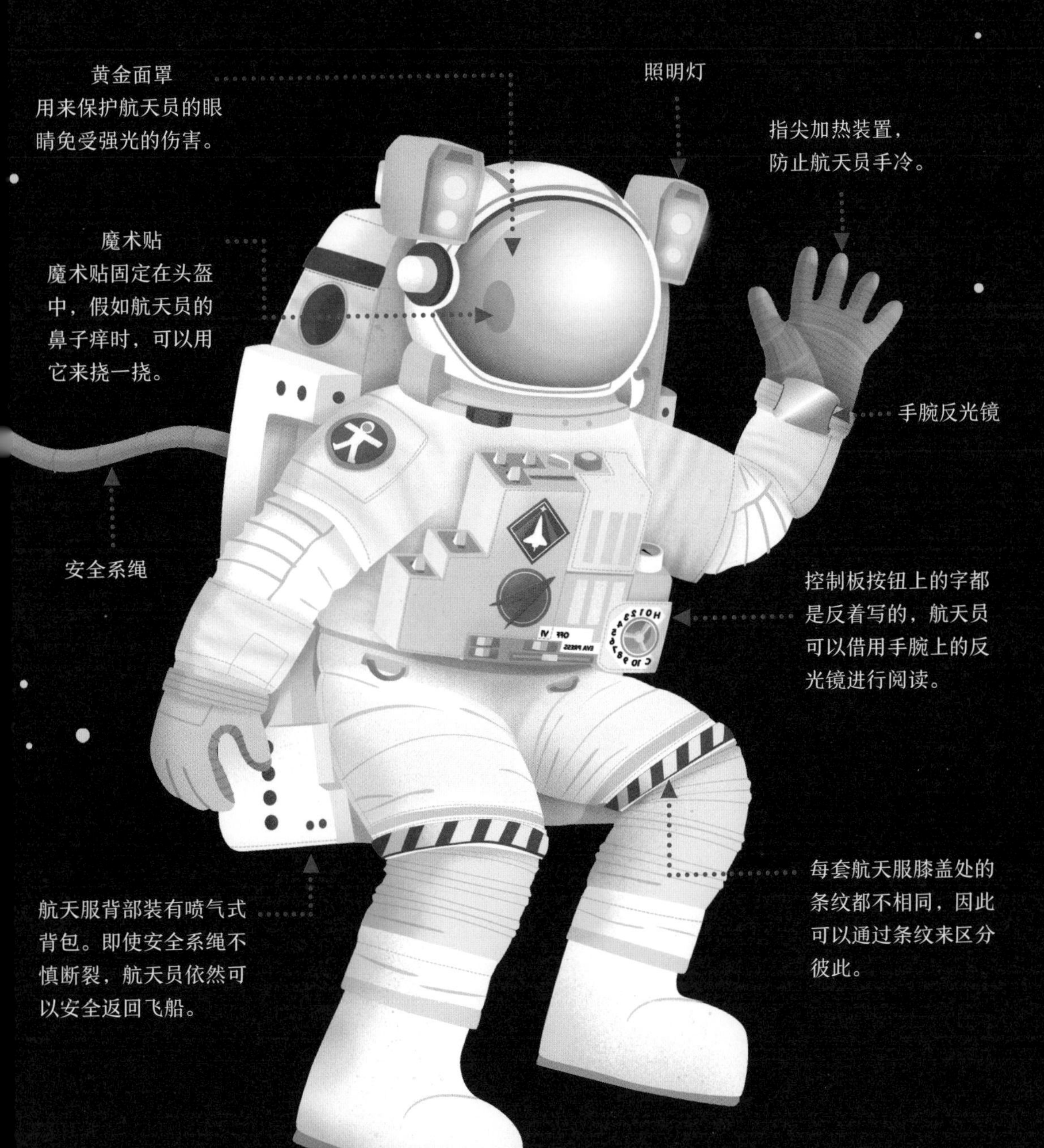

18 如果恐龙有望远镜的话，

它们就能看到月球上的火山喷发。

月球表面有一些面积较大的黑暗区域，这些区域被称为月海。这是10多亿年前月球上火山喷发后形成的熔岩平原。

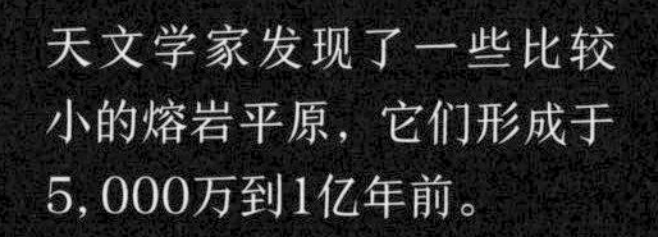

天文学家发现了一些比较小的熔岩平原，它们形成于5,000万到1亿年前。

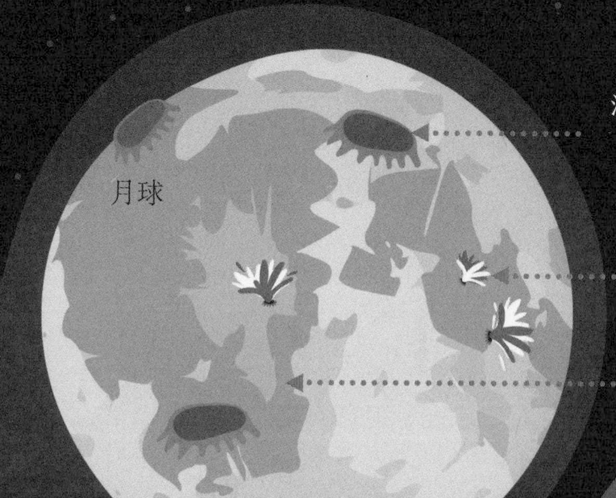

也就是说，在恐龙生活的时代，月球上的火山仍在喷发。

19 外太空中，有一朵……

尝起来像覆盆子一样的星云。

银河系中心有一个由气体和尘埃组成的巨大的气体云，直径约 150 光年，它就是人马座 B2 星云。星云中有很多恒星，有的已经形成，有的正在形成。

人马座 B2 星云中飘浮着大量的气体和尘埃。经过化学反应后，这些微粒形成不同的分子。

其中一种分子叫甲酸乙酯，是构成覆盆子特殊味道的主要物质。

如果你能尝一口甲酸乙酯，就会发现它的味道很像覆盆子。

但这些分子并不是每种都可以吃的。

例如在星云中的丁腈，就是一种含有剧毒的化学物质。

20 为了避免从月球带回未知的病毒，

“阿波罗 11 号”上的航天员在返回地球后均被隔离了数周。

1969 年，“阿波罗 11 号”飞船上的航天员成功返回地球。美国国家航空航天局（NASA）担心航天员可能会从月球上带回某种未知的病毒，便将航天员隔离了三个星期。

“阿波罗 11号”成功在太平洋上降落，3 名航天员被送到回收船上。

航天员身穿隔离服，进入一辆特制的拖车中。为了防止病毒感染，禁止任何人或物进出拖车。

航天员坐在拖车中，与当时的美国总统尼克松进行了会面。

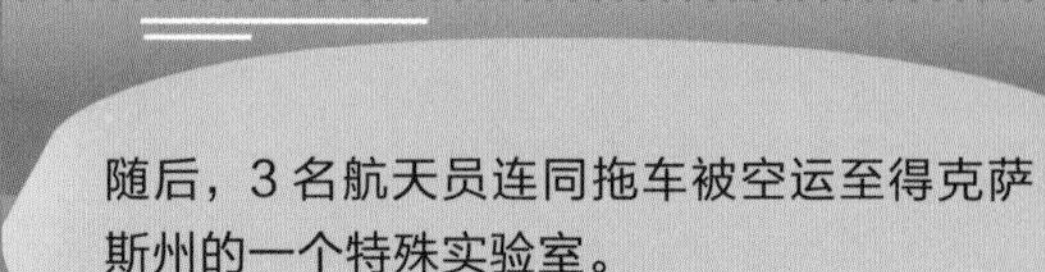

随后，3 名航天员连同拖车被空运至得克萨斯州的一个特殊实验室。

他们在太空中待了 8 天，回到地球后则被隔离了 21 天。

几年后，航天员巴兹 · 奥尔德林透露道，他们曾看到一队蚂蚁从拖车中爬了出去。

因此，假如航天员们带回了月球上的病毒，那这些病毒可能早就扩散出去了。

21 火星探测器……

已经探测到了构成生命的基本物质。

“好奇号”火星探测器正在火星表面进行探测活动，它的内部是一个实验室，其工作之一就是研究火星土壤中的化学成分是否支持和维持生命。

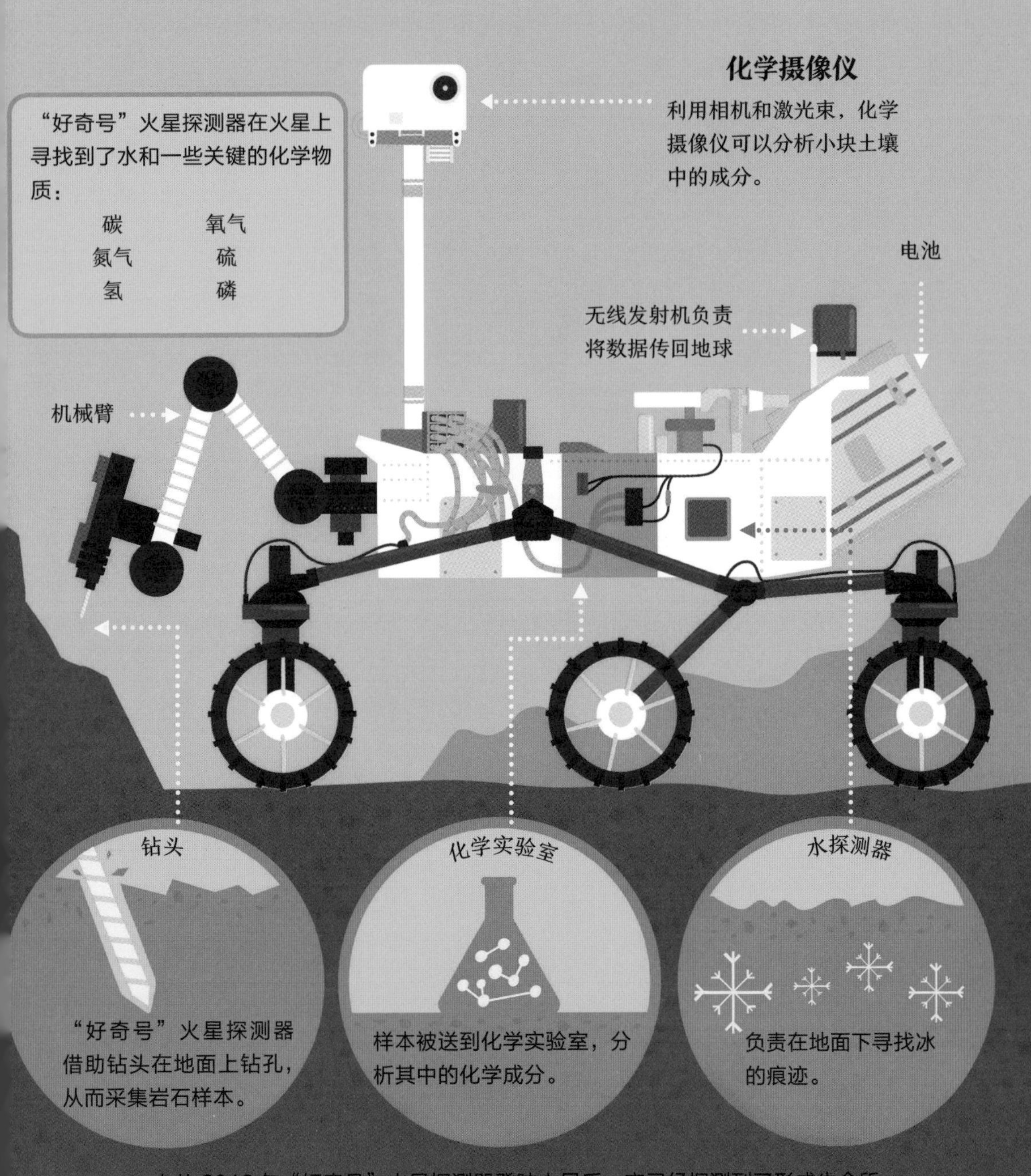

自从 2012 年“好奇号”火星探测器登陆火星后，它已经探测到了形成生命所必需的 6 种关键物质，以及大量的水。火星上的水是以固态冰的形式存在的，因此科学家们认为，火星曾经也是一颗生机勃勃的星球，也许现在依然是。

22 航天员在月球上需要……

花费大量时间休息，而不是进行探测工作。

尽管长途跋涉，飞行 40 万千米才到达月球，但航天员们并没有将所有时间都用在探测工作上。为保持身体健康和头脑清醒，他们大部分时间都在休息。

下图展示了第一次和最近一次探月时，航天员们花费在吃饭、睡觉、工作和在月球表面探测上的时间。

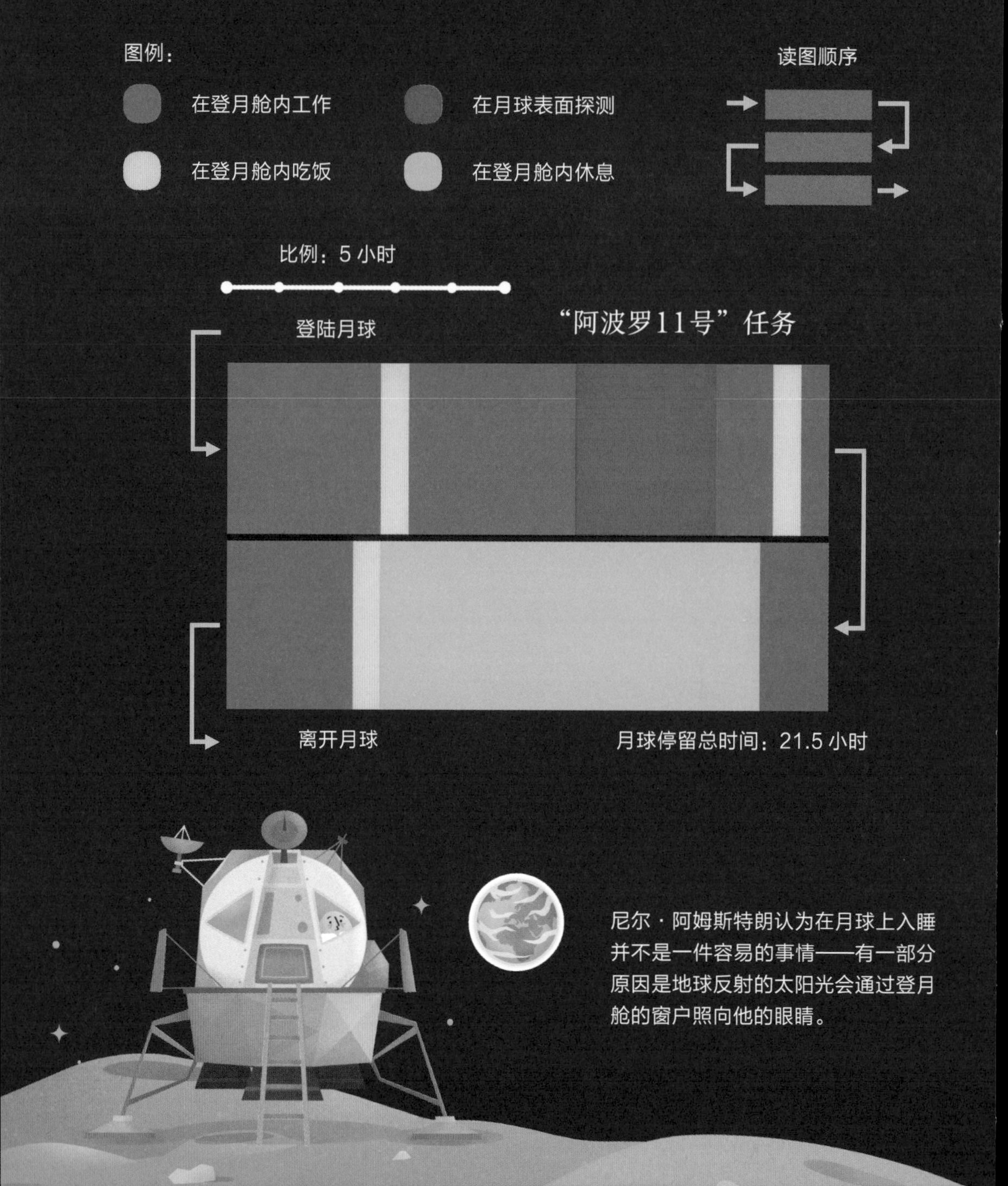

尼尔·阿姆斯特朗认为在月球上入睡并不是一件容易的事情——有一部分原因是地球反射的太阳光会通过登月舱的窗户照向他的眼睛。

“对我们来说，在月球上睡觉是非常浪费时间的一件事。但我们太累了，必须得睡觉了。”
——“阿波罗17号”指挥官尤金·塞尔南

“阿波罗17号”任务

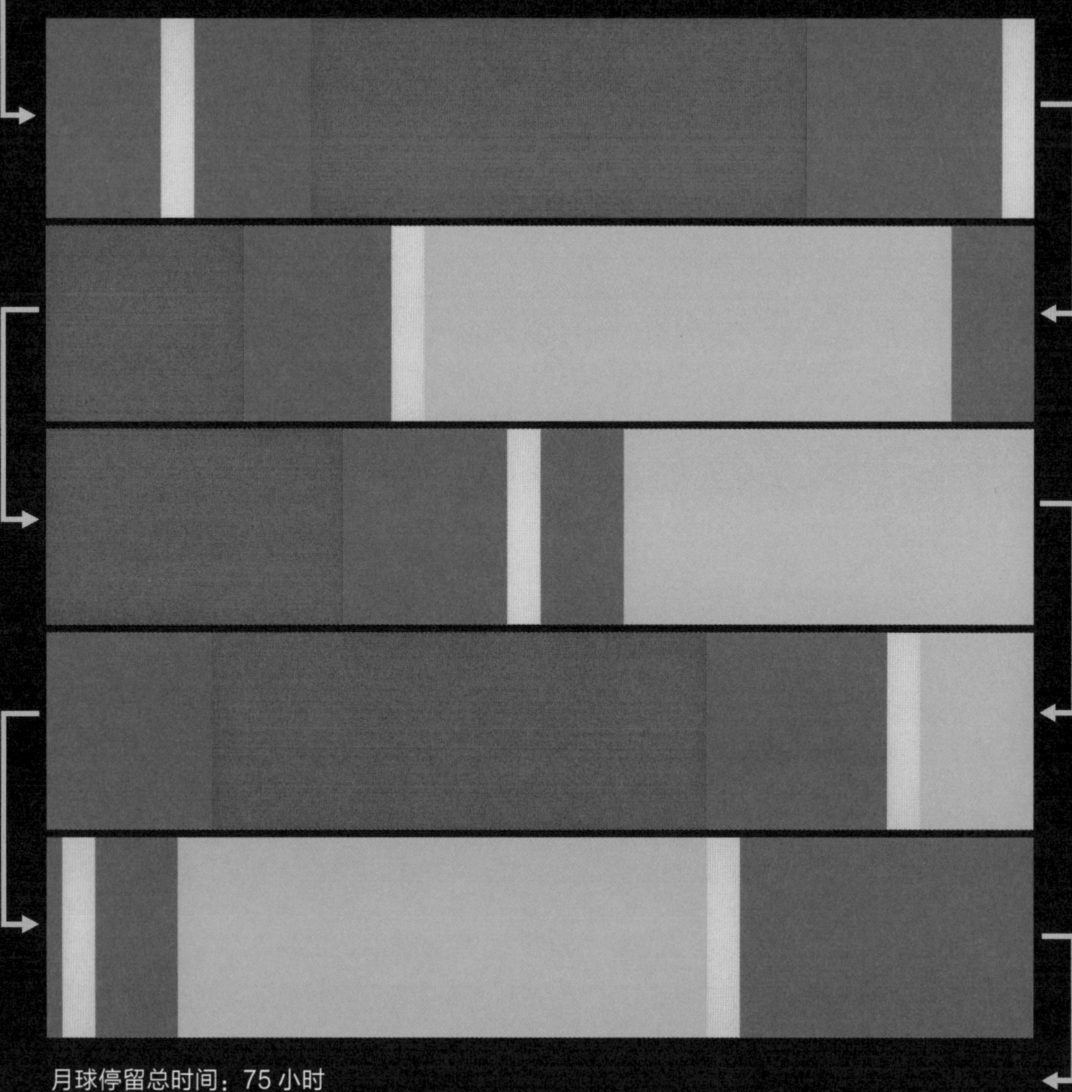

23 寻找外星人，天文学家可以……

使用方程式。

为寻找地外文明，天文学家弗兰克·德雷克设计了一个方程式——德雷克方程，来估算银河系中能与人类通信的具有生命的行星数量。虽然并非所有人都认可这些变量的值，但大多数科学家都认为德雷克方程是一个不错的开始。

德雷克方程这样规定：

$$R^* \times f_p \times n_e \times f_l \times f_i \times f_c L = N$$

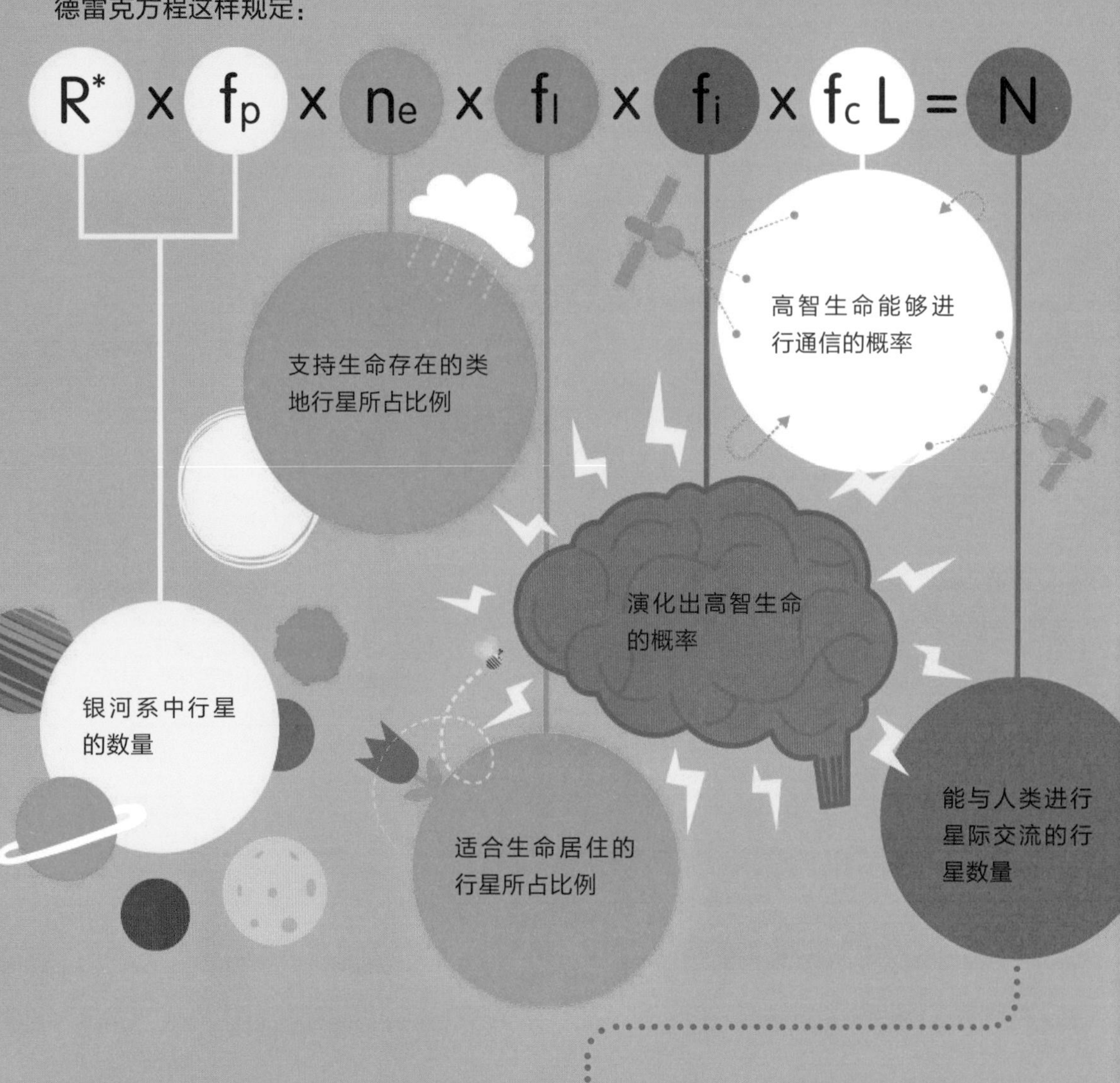

从各个变量的取值来看，天文学家们认为银河系中有多颗存在着生命的行星。随着技术的进步，变量的取值会越来越精确。

24 避开小行星……

其实并不困难，也不是很危险。

在一些太空题材的科幻电影和游戏中，航天员在太阳系中航行时，往往需要左躲右闪，熟练地避开小行星。事实上，一些体积较大的小行星彼此之间的距离十分遥远，很难相撞。

25 为了制造火箭……

沃纳 · 冯 · 布劳恩同意将导弹装在火箭上。

德国科学家沃纳 · 冯 · 布劳恩一直希望造出一艘宇宙飞船，将人类送入太空。但他的第一份工作却是研制供德军在第二次世界大战中使用的运载导弹的火箭。

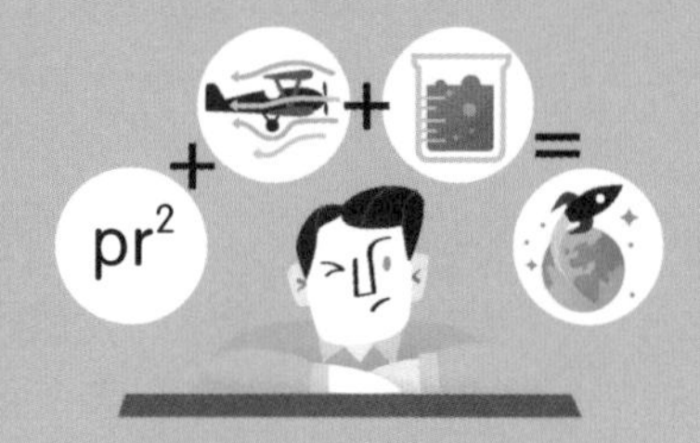

1912 年

沃纳 · 冯 · 布劳恩出生于德国普鲁士。

1924 年

沃纳将烟花绑在一辆空空的马车上，然后将烟花点燃，只见马车像箭一般地飞了出去。

20 世纪 30 年代

受到火箭先驱赫尔曼 · 奥伯特的启发，沃纳 · 冯 · 布劳恩对物理、天文等学科产生了浓厚的兴趣。

沃纳 · 冯 · 布劳恩说："火箭是非常有用的发明，只是降落在了错误的星球上。"

1944 年

第二次世界大战期间，沃纳 · 冯 · 布劳恩效力于德国政府。他研制出了 V-2 导弹。

1945 年

沃纳 · 冯 · 布劳恩向美国投降，奉命研制新型火箭弹。

20 世纪 50 年代

美国政府要求沃纳 · 冯 · 布劳恩研制运载火箭，从而在太空科研领域领先苏联。

1969 年

沃纳 · 冯 · 布劳恩研制出"土星 5 号"运载火箭，由它搭载"阿波罗 11 号"发射升空，从而帮助人类实现首次登月的壮举。

26 地球上的生命可能都……

来自外太空。

地球上最早的已知生物大约出现在 36 亿年前，那时地球遭受了小行星的猛烈撞击。

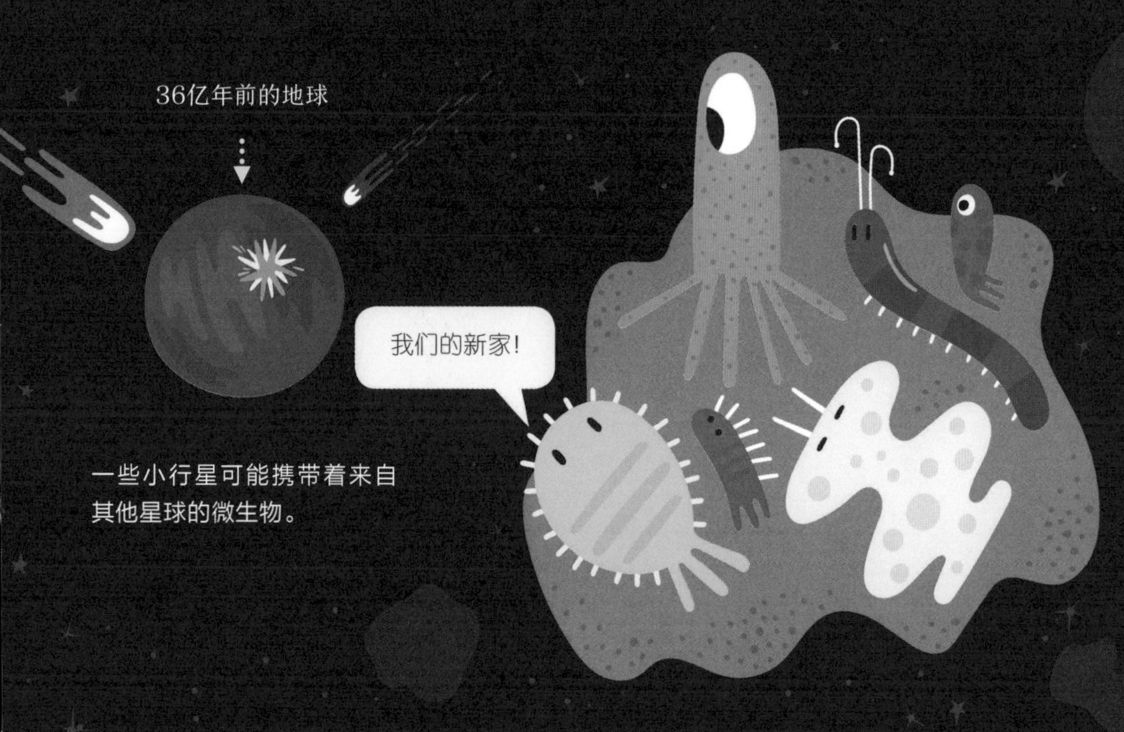

一些小行星可能携带着来自其他星球的微生物。

在没有大气层的小行星上，微生物也能够生存。有一种理论认为，宇宙中充满了生命，它们通过小行星进行传播，这就是宇宙胚种论。

很多科学家都曾论述过这一理论。

劳德·开尔文
物理学家（英国）

斯凡特·阿伦斯
化学家（瑞典）

钱德拉·维克拉玛辛诃
天文学家（斯里兰卡 / 英国）

阿那克萨戈拉
哲学家（希腊）

27 组成宇宙的维度……

可能不止三个。

我们周围的一切物体具有三个维度：长、宽、高。行星和恒星也是如此，但大多数科学家认为，至少需要四个维度才能完整地描述宇宙。

一维图形可以是一条线，也可以是一个点。

正方形是一个二维图形，可以用线条描绘。

立方体是一个三维图形。

在立方体的基础上再增加一个维度，就是超立方体。超立方体无法描述，因为我们看不到第四个维度。

宇宙在不断膨胀和变化，没有固定的形状。有些科学家认为时间就是第四个维度。

现在的宇宙？

最初的宇宙只是一个无限小的奇点。

现在的宇宙是一个不断变化的广阔空间。

28 美国国家航空航天局的航天器装配大楼

十分宏伟，这里的天气都和周围不一样。

美国国家航空航天局在佛罗里达州建立的航天器装配大楼（VAB）十分宏伟。火箭发射前需要在这里组装，然后运到发射台。由于这栋装配大楼实在太大了，在天气温暖时，建筑内部甚至有可能形成降雨。

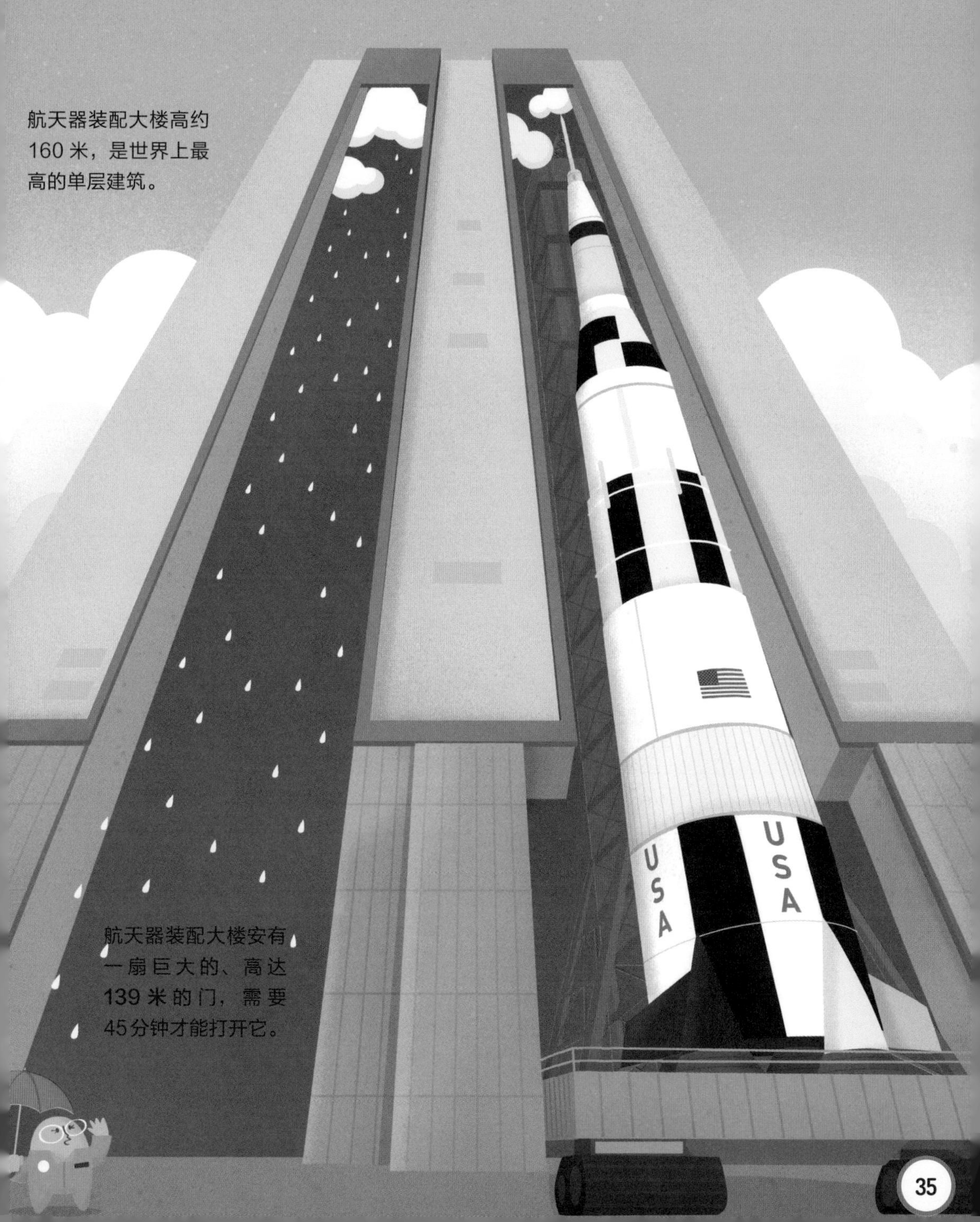

航天器装配大楼高约160米，是世界上最高的单层建筑。

航天器装配大楼安有一扇巨大的、高达139米的门，需要45分钟才能打开它。

29 空间站和人造卫星……

在太空中运行的速度比声速还快。

地球周围有数千颗人造卫星，还有空间站。如果你眺望夜空，有时能看到这些人造卫星。它们似乎是在行星周围缓缓飘移。实际上，它们的运行速度非常快。

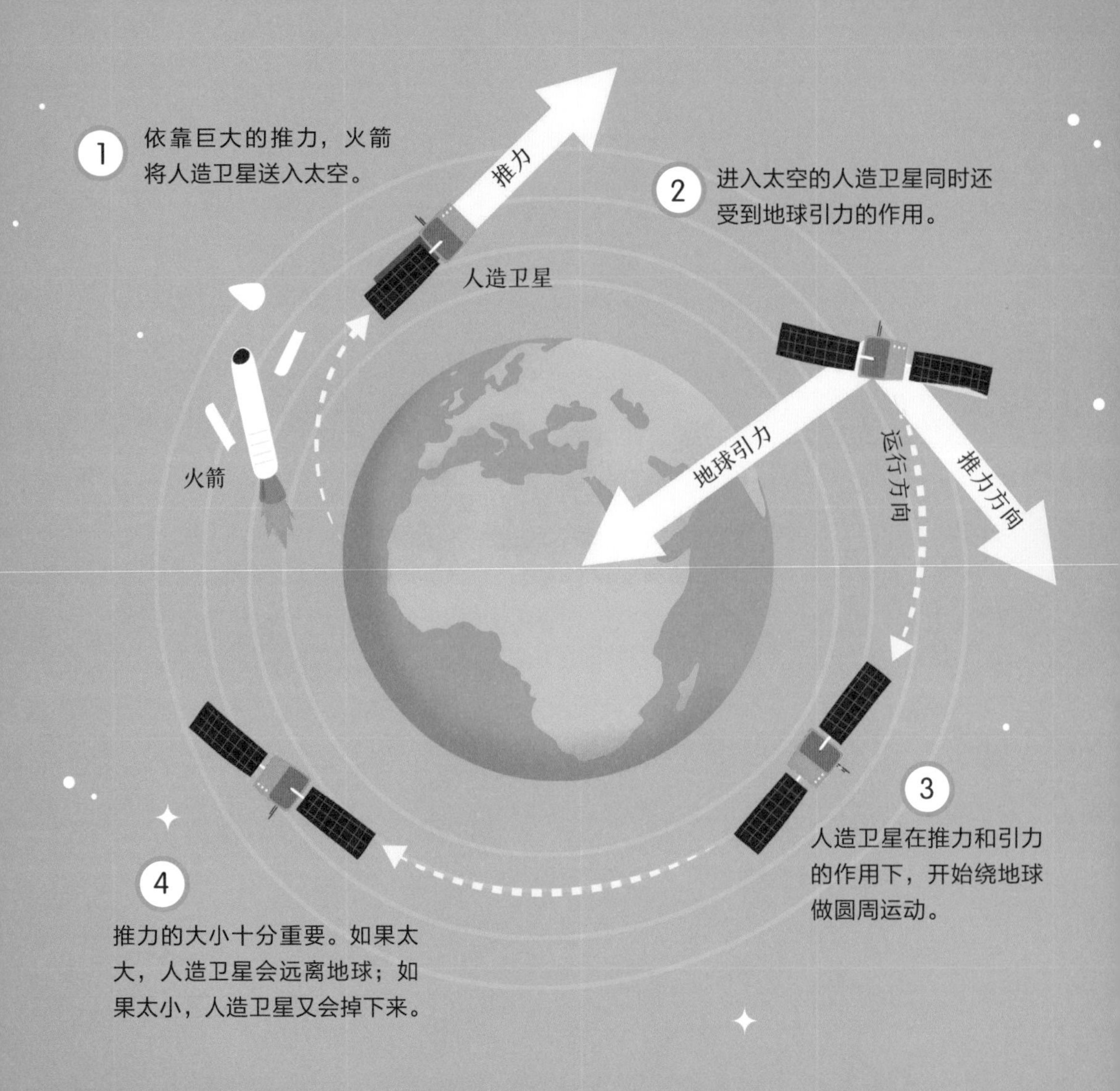

30 航天员不会飘起来……

他们掉下去了。

待在宇宙飞船中，就像是坐在一部正在往下坠的电梯里，只是这部电梯永远也不会停止。

电梯在上升的同时会受到地球引力的作用。如果电梯升到足够高的高度，速度又够快，它就会开始绕地球做圆周运动。

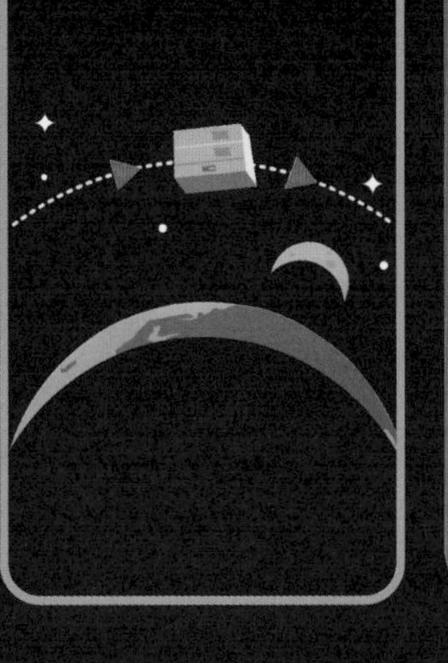

一开始，电梯里的人感觉自己在急剧下降。

接着，他们的双脚离开地板，开始做自由落体运动。

自由落体的感觉跟飘浮有点像。

这种现象也被称为失重。

31 在太空中永远不要……

尝试磨胡椒粉。

空间站内属于失重的环境，在这里吃饭需要制订周密的计划。航天员会携带各种已包装好的特殊食物去往太空。

大多数太空食物比较湿润，呈膏状。只有这样，食物才能放在汤匙或小袋中。

在失重的环境下，人的味觉似乎会变得迟钝。

所以航天员会用辣椒酱来为食物调味。

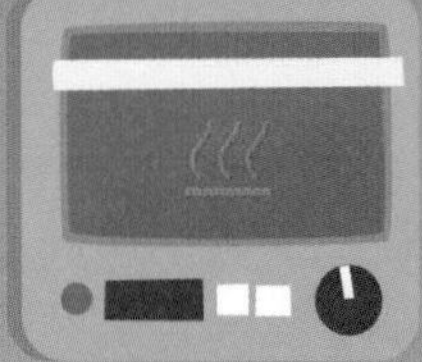

食品包装袋上都有魔术贴，航天员可以把它们贴在适当的位置。

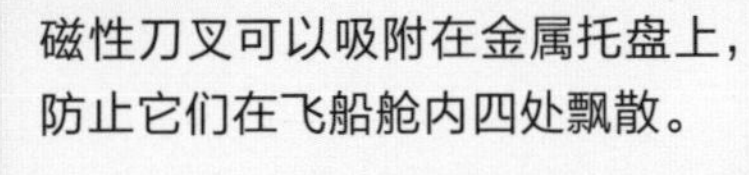

磁性刀叉可以吸附在金属托盘上，防止它们在飞船舱内四处飘散。

32 超过 100 万个地球……

都能被太阳装进去。

按照体积计算来看，太阳的体积是地球的 130 万倍；可如果按照质量来看，太阳的质量大约只是地球质量的 333,000 倍。

地球主要由固体和液体物质组成，两者紧密结合在一起，形成一个致密的星球。

太阳主要由气体和等离子体组成。虽然体积巨大，但密度并没有地球大。

33 火箭燃料……

燃烧时的温度约是岩浆温度的 2 倍。

火箭发动机内的温度在 3,000℃以上，这个温度可以将石头和铁熔化。

34 地核的温度……

比太阳表面的温度还要高。

地球的内核是一个实心的，有着巨大压力的铁晶体球。它被温度相对低的外核包在里面。

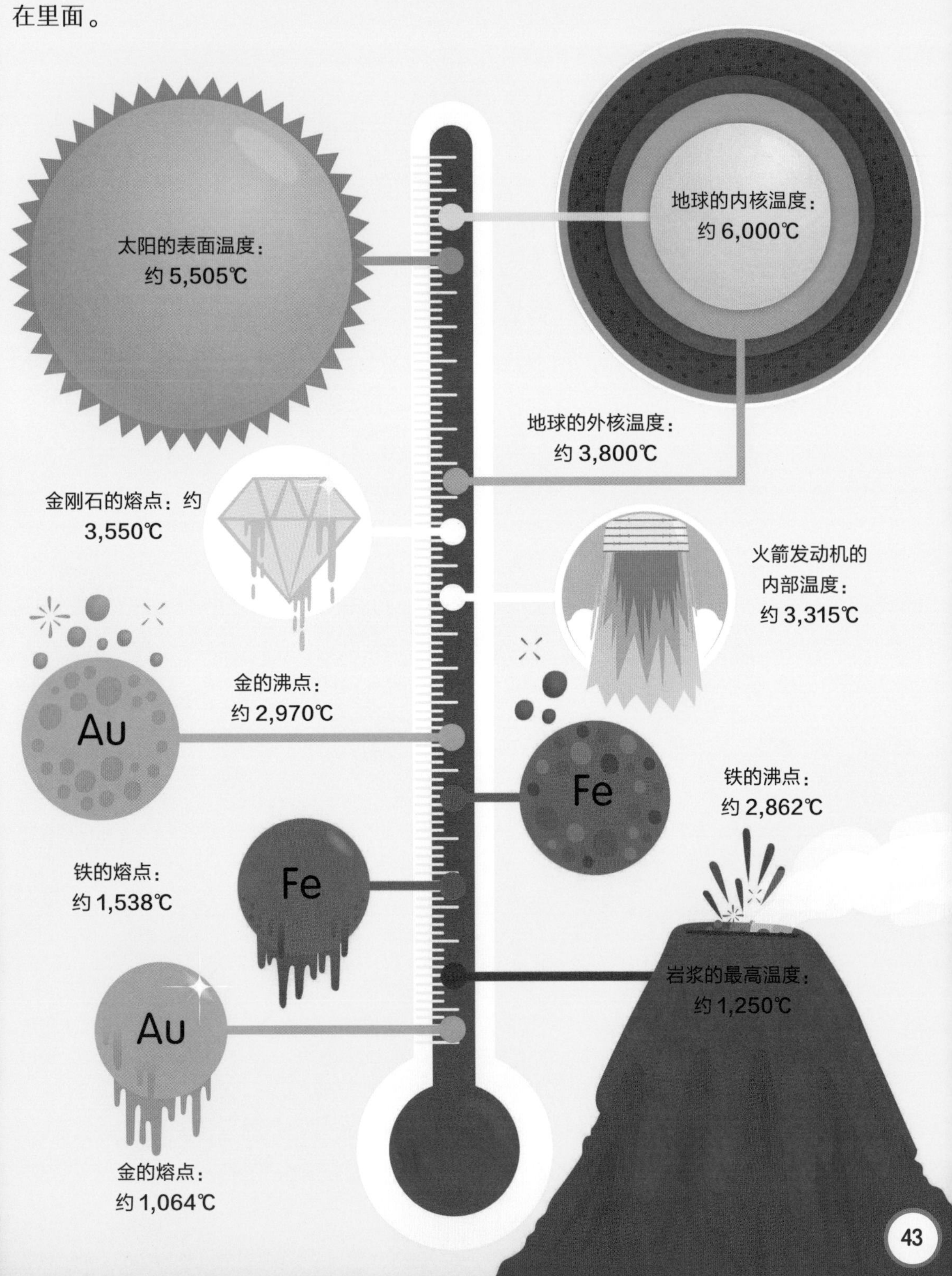

35 太空竞赛……

是一场没有硝烟的战争。

第二次世界大战后，美国和苏联两国陷入冷战。为了将航天员送入太空，探索月球奥秘，美苏两国在研制新型火箭和航天飞机方面展开了激烈的竞争。

在太空领域，每个国家不需要使用暴力，就可以炫耀自己的技术和军事实力。

苏联

1966 年 2 月　人类第一次抵达月球：“月球 9 号”太空探测器

请玩家交换位置。

苏联

1965 年 3 月　人类第一次在太空漫步：阿列克谢 · 列昂诺夫

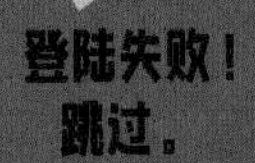

美国

1968 年 12 月　人类首次绕月航行：“阿波罗 8 号”的航天员

登陆月球！

美国

1969 年 7 月　人类第一次登月：“阿波罗 11 号”的航天员尼尔 · 阿姆斯特朗和巴兹 · 奥尔德林登月

随着“阿波罗号”成功登月，标志着美苏两国之间的太空竞赛结束

36 在太空中有些间谍卫星会……

伪装成垃圾。

一些国家会将间谍卫星送入太空，在不被发现的情况下可以秘密收集其他国家的信息。

这些卫星在制造过程中没有留下任何照片，进入太空后也仅在夜间工作，所以很少有人知道它们究竟长什么样子。

这些卫星的制造者还会故意传播一些虚假信息，他们可能会说这些卫星用于广播电视信号传输。

一旦进入太空，这些卫星会关闭信号，把自己伪装成一块太空垃圾。不过，它们会随时打开信号。

这些卫星负责拍摄各种绝密的照片，经加密后传回地球。它们使用的传输系统，几乎不会被拦截。

37 有些巨型恒星内部……

还藏着一颗小恒星。

天文学家认为，在非常偶然的情况下，红超巨星会“吞下”中子星，形成索恩 - 祖特阔夫天体。

红超巨星是一种拥有巨大质量、表面温度较低的恒星。

中子星在恒星演化末期形成，它和行星差不多大。

冷却后的红超巨星不断膨胀……

这时，它会吞噬和摧毁附近所有的行星、卫星以及恒星。

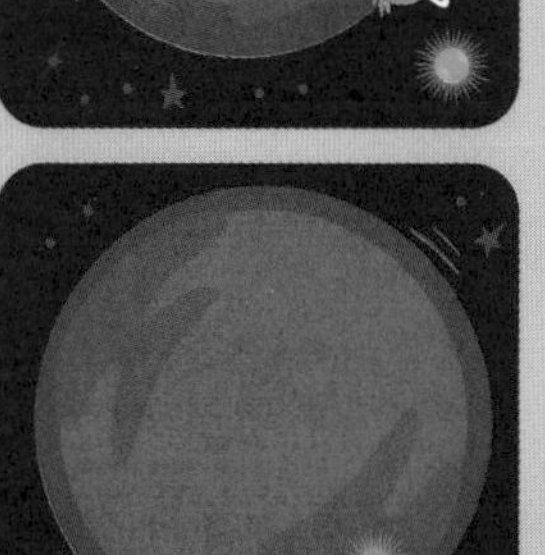

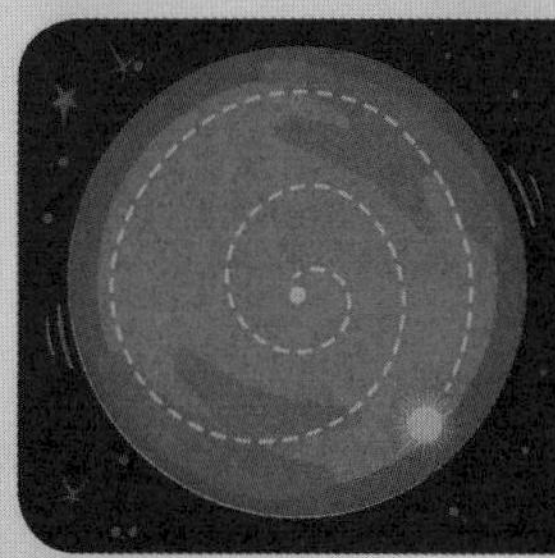

而中子星的密度太大，无法被摧毁。它会沿着螺旋形轨道进入红超巨星的中心。

中子星与红超巨星结合之后会形成索恩 - 祖特阔夫天体，它比红超巨星的亮度更高，并向宇宙中释放一些稀有的化学元素。

索恩 - 祖特阔夫天体的名字是由首先提出这种天体存在可能性的两位天文学家的名字组成的。

基普 · 索恩

安娜 · 祖特阔夫

38 大质量的小行星撞击地球，

或许只是时间问题。

每年，都有很多无家可归的小行星撞向地球。大多数小行星在大气层中已经被烧毁了。但每隔 1,200 年左右，就会有一颗较大质量的小行星撞击地球。

假如一颗直径 50 米的小行星撞击地球，其威力相当于 1,000 颗原子弹爆炸。

幸运的是，这种撞击是非常罕见的，并且撞向海洋的可能性要远大于城市。

39 只要把小行星刷成白色，

就能改变它的运行轨道。

一些小行星在遨游太空时可能会撞击地球，造成巨大破坏。但是，也许使用一些白色油漆，就能够帮助我们控制这些四处游荡的太空岩石。

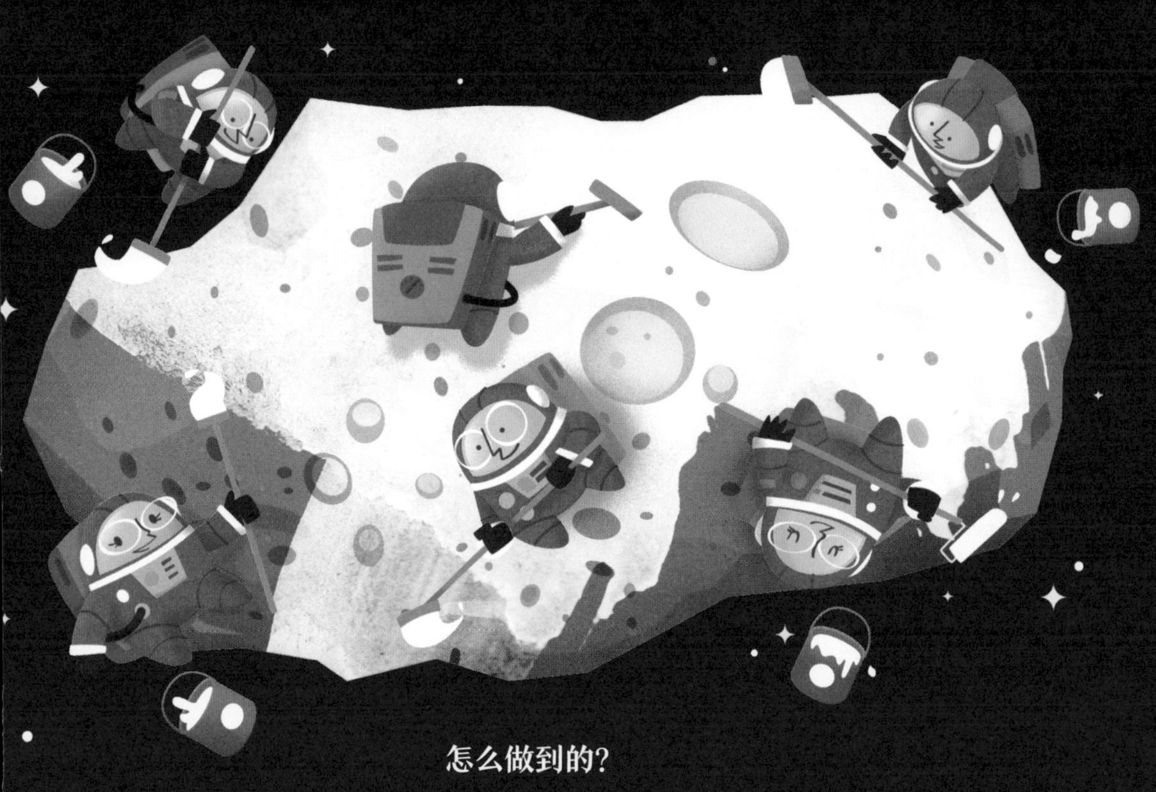

怎么做到的?

太阳光照射在物体上时，会对物体表面产生一个微小的压力，称为辐射压。

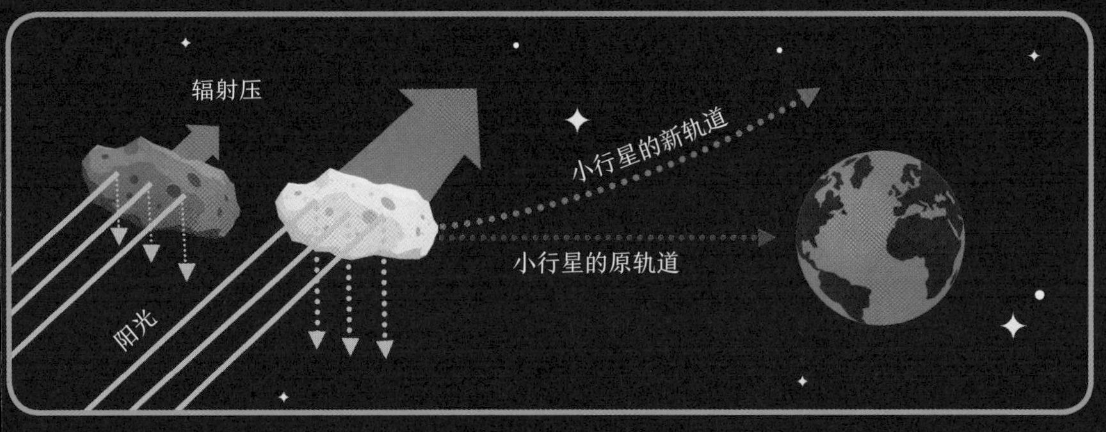

白色的小行星会比深色的小行星反射更多的太阳光，因此受到的辐射压也就更大。

这些微小的力叠加在一起，就能逐渐将小行星推离原来的轨道，化解潜在的威胁。

40 月球上的尘埃纤细锋利，

甚至能够刺穿航天服。

月球表面覆盖着一层比面粉还微小的灰尘，且棱角锋利，能刺穿橡胶和高科技纤维织物，这就是月尘。

在“阿波罗号”登月期间，航天员出舱后，身上沾满了红色的月尘。

月尘会堵塞航天服的接缝，使航天员行动困难。

月尘是怎样形成的？

月尘是由陨石撞击形成的。陨石撞击月球后熔化，将月球表面的岩石粉碎成细小的玻璃状颗粒，这些颗粒多具有锯齿状边缘。

月球上没有风，微粒之间无法碰撞摩擦，因此它们的边缘棱角锋利，不会磨损。

然后会发生什么？

航天员返回登月舱时，月尘就被带进了舱内。

当航天员呼吸时，月尘会进入他们的鼻子，引发月球粉尘过敏。

据航天员描述，月尘闻起来就像燃烧过的火药。

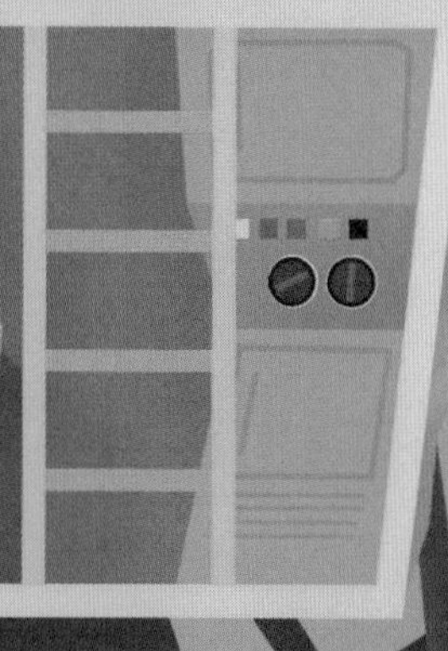

航天员发现，月尘能刺穿他们穿的，由好几层织物做成的航天靴。

没有风吹拂的话，这些脚印可以保持数千年。

每过 1,000 年，这些脚印表面就会盖上一层约 1 毫米厚的尘土。

41 人类想要飞到火星上，

得在太空中组装火箭。

把人类送到火星上，是一项既要消耗大量时间，又十分危险的任务。第一个挑战便是航天器。火箭要想携带足够多的燃料和仪器去往火星的话，根本无法从地球起飞。

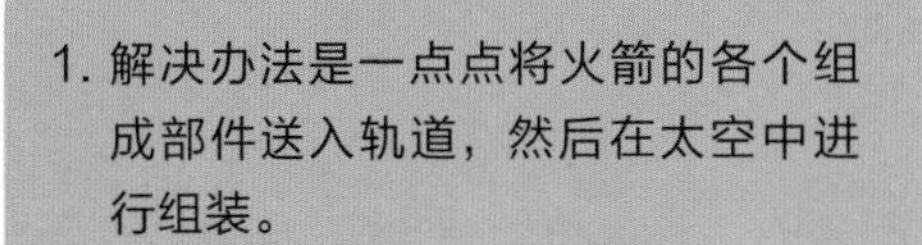

1. 解决办法是一点点将火箭的各个组成部件送入轨道，然后在太空中进行组装。

2. 工作人员将会花费几年时间在距离地面约400千米的近地轨道上完成火箭的组装。

此前，在轨道上组装的最大设备是国际空间站。建造它足足花了10多年时间，经过30多次组装才全部完成。

3. 一旦这架执行火星任务的火箭组装完毕，将会由更多的火箭为它运送飞行所需的燃料和补给。

42 想活着到达火星，

航天员需要冬眠。

前往火星的旅行大约需要 8 个月时间，在此期间，航天员要忍受长时间的孤寂和无聊。一种解决办法是让航天员进入深度睡眠状态。

在特制的胶囊中，航天员的体温会降低。在 10℃时，人体的新陈代谢会变得非常缓慢，进入类似冬眠的深度睡眠状态，这种状态也被叫作蛰伏。

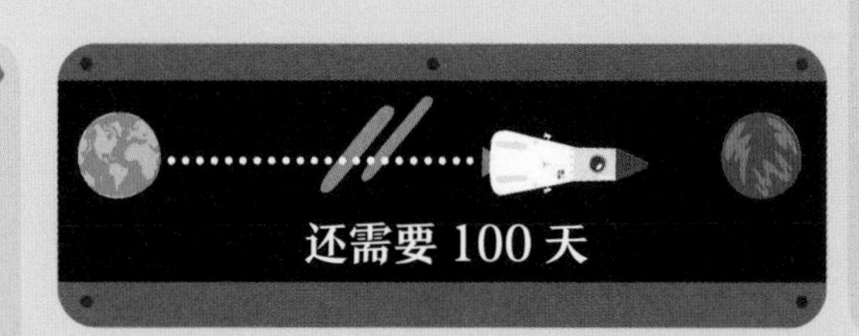

冬眠中的航天员只需要极少的食物，等到他们再次清醒时，或许体重会减少一半。

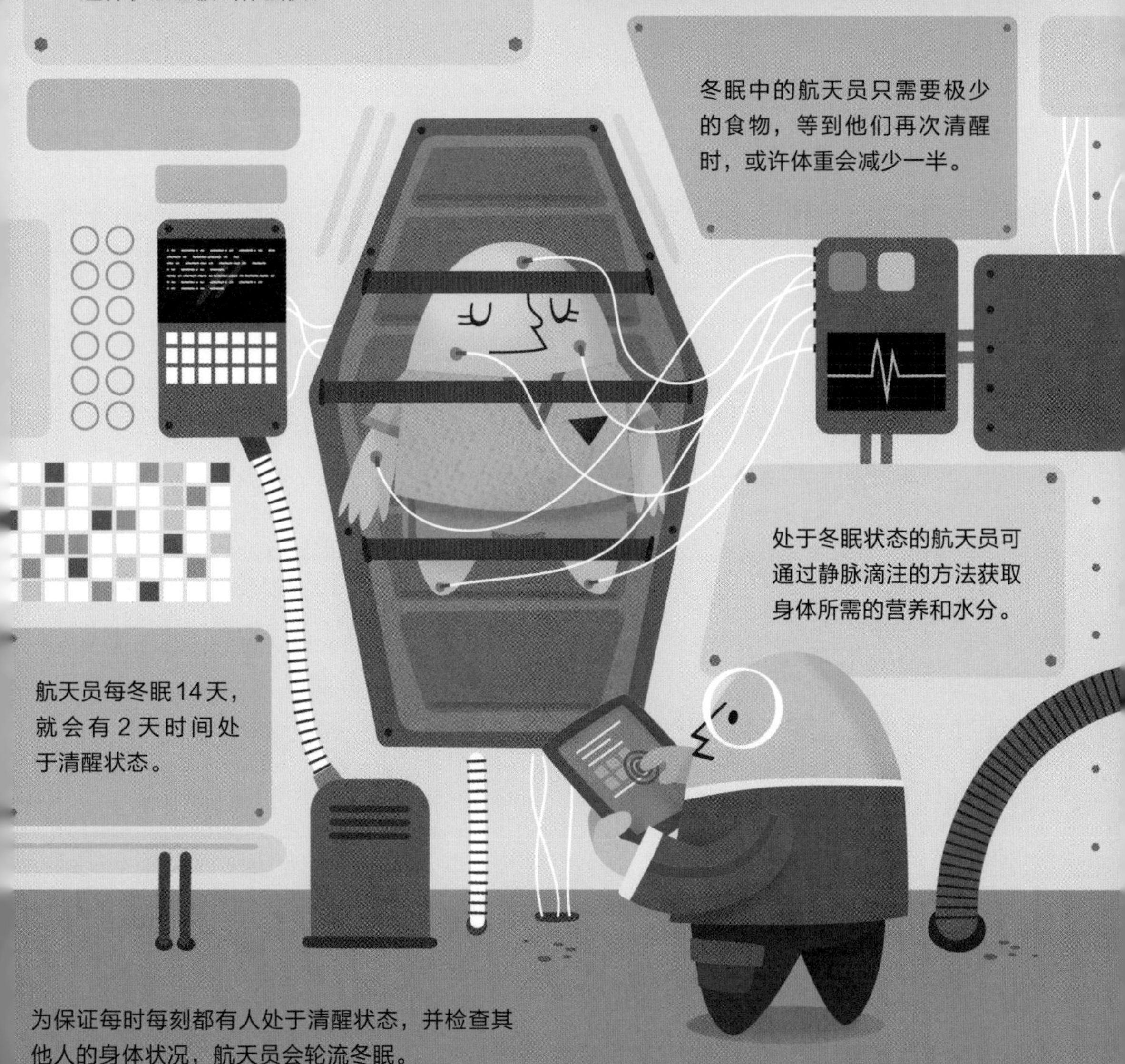

处于冬眠状态的航天员可通过静脉滴注的方法获取身体所需的营养和水分。

航天员每冬眠 14 天，就会有 2 天时间处于清醒状态。

为保证每时每刻都有人处于清醒状态，并检查其他人的身体状况，航天员会轮流冬眠。

43 第一批火星移民……

或许会成为农民。

从地球上带足够多的食物飞往火星，供给移民们使用，这是无法实现的。要想在火星上定居，必须自己种植农作物。

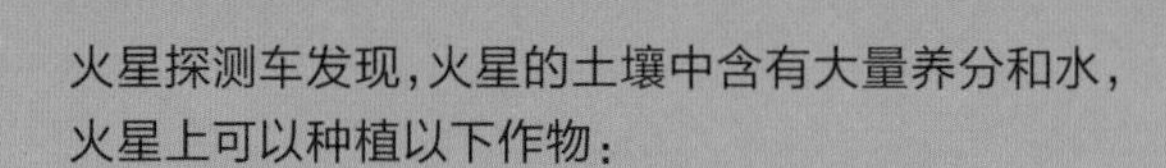

火星探测车发现,火星的土壤中含有大量养分和水，火星上可以种植以下作物：

莴苣中含有抗氧化剂，能够帮助人体抵挡太阳辐射。

一小块地就能种很多胡萝卜。

豌豆可以增加土壤中的含氮量，这有助于其他农作物生长。

实验表明，黑麦在火星上的生长情况和在地球上一样好。

火星上的冰融化后可以用来灌溉农作物。

从地球上带来的昆虫可以在作物间传粉。

火星上的移民也可以养殖蝗虫等昆虫，以此获取更多的蛋白质。

44 如果你打算移民去火星，

那么全球变暖对你来说是件好事。

火星上干燥寒冷，人类还无法在上面居住。但是通过提高其表面温度，或许千百年后，人类就能移居火星了。这个过程称为星球改造，它的工作原理如下所述。

45 一个 10 岁的女孩……

发现了一颗垂死的恒星。

很多天文发现都是天文爱好者的功劳。2011 年，年仅 10 岁的凯瑟琳 · 奥罗拉 · 格雷发现了一颗从未有人记载的超新星。

当一颗恒星能量耗尽时，它会在死亡前发生剧烈爆炸，这个阶段被称为**超新星**。

凯瑟琳在网上浏览天文台望远镜拍摄的图片时，无意间发现了一个亮点，这就是正处于爆炸阶段的超新星 SN 2010lt。

46 巨大的木星正在……

一点点变小。

木星是太阳系中最大的行星，比其他七大行星的体积总和的两倍还要大。但由于自身构造的原因，木星在不断变小。

木星的**核心**可能是由**岩石**构成的。

大气层中主要成分为**氢气**。

大气层中还有少量的**氦**。

最外层被寒冷的气体包围着。

木星的核心温度非常高，它自身产生的热量比从太阳那里吸收的热量还要多。

核心的高温与外层寒冷气体之间的温差是导致木星变小的主要原因，它以每年 2 厘米的速度在缩小。

木星的体积曾经是太阳系其他七大行星体积总和的4倍。

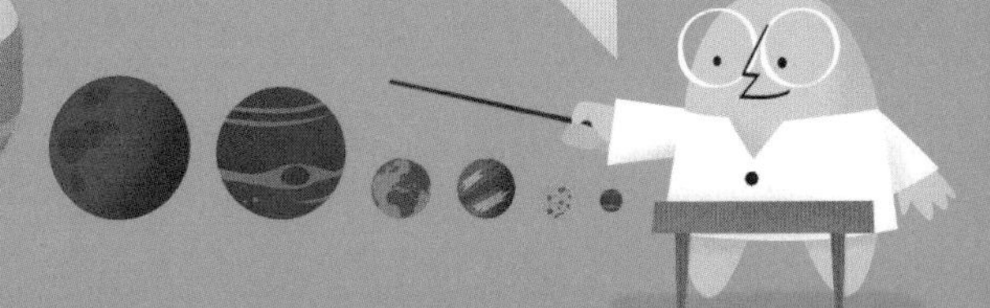

47 星系是靠……

暗物质聚集在一起的。

星系中的恒星靠引力聚集在一起。有些引力来自恒星本身，可是，科学家认为更多引力来自一种神秘的不可见物质——暗物质。

所有物质，例如恒星，都具有万有引力，它们依靠这种引力互相吸引。

小恒星引力较弱。

大恒星引力较强。

星系中心布满了聚集在一起的恒星，这些恒星会产生强大的万有引力。

天文学家认为，由于星系旋转太快，仅靠星系中心的引力，根本不足以为处于星系边缘的恒星提供足够的向心力。所以，一定还有其他的引力在发挥作用，好让这些恒星聚集在一起。

天体物理学家认为，其他发挥作用的引力是由隐藏的暗物质产生的。

尽管暗物质是看不见的，但科学家认为……

它就像一张网一样，遍布于所有星系之间。

在星系中工作，暗物质的数量必须是其他物质的 4 倍。

暗物质

其他物质

之所以被称为暗物质，是因为它既不像恒星一样会发光，也不像卫星和行星一样可以反射光。

48 宇宙中最暗和最亮的东西，

都是同一个人发现的。

瑞士天文学家弗里茨·兹威基是第一个发现星系中包含有完全不可见的暗物质的科学家。他还研究了处于爆炸阶段的恒星，也就是超新星。不过，他的很多发现都被忽视了。

1898 年

兹威基出生在保加利亚，6 岁时被送去了瑞士。

1933 年

在美国，兹威基潜心研究星系。他认为星系中肯定包含有不可见的物质，也就是我们现在说的暗物质。

1934 年

尽管没有任何发现，但兹威基相信宇宙中存在致密恒星——中子星。

他认为中子星与超新星之间存在某种联系。

据兹威基的同事介绍，兹威基是个脾气暴躁，性格古怪的人，很难与他相处。有人认为这也是他的发现被忽视的原因。

20 世纪 40 年代后期

第二次世界大战后，兹威基将数千册藏书捐献给世界各地那些毁于战争的图书馆。

1974 年

1974 年，兹威基去世时，他的多数理论已被科学界证实。1972 年，兹威基荣获英国皇家天文学会金奖。

49 第一个进入太空的三明治是……

牛肉黑麦三明治。

1965 年，约翰 · 杨在乘坐“双子号”宇宙飞船进入太空时，把一块牛肉黑麦三明治偷偷装进口袋里，并与副驾驶员维吉尔 · 格里森分享了它。

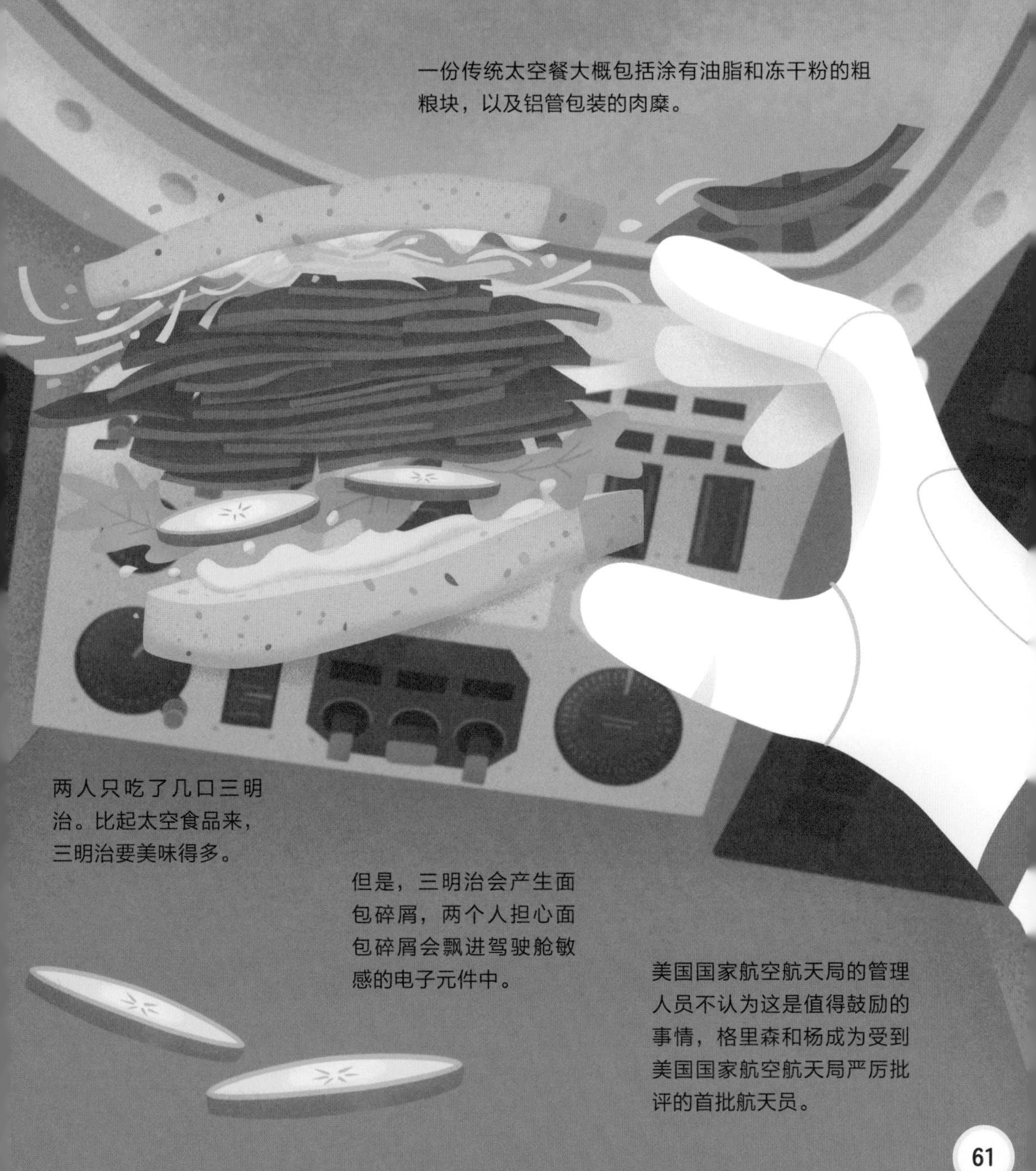

早期的航天食品需要满足重量轻，不产生碎屑，无气味以及无食物残渣等要求，口味单调。

一份传统太空餐大概包括涂有油脂和冻干粉的粗粮块，以及铝管包装的肉糜。

两人只吃了几口三明治。比起太空食品来，三明治要美味得多。

但是，三明治会产生面包碎屑，两个人担心面包碎屑会飘进驾驶舱敏感的电子元件中。

美国国家航空航天局的管理人员不认为这是值得鼓励的事情，格里森和杨成为受到美国国家航空航天局严厉批评的首批航天员。

50 一间太空厕所的造价……

高达 1,900 万美元。

到目前为止，国际空间站的花费已超过 1,500 亿美元，是有史以来最昂贵的工程项目。国际空间站所有的设备都专为太空活动而开发，因此造价非常高。

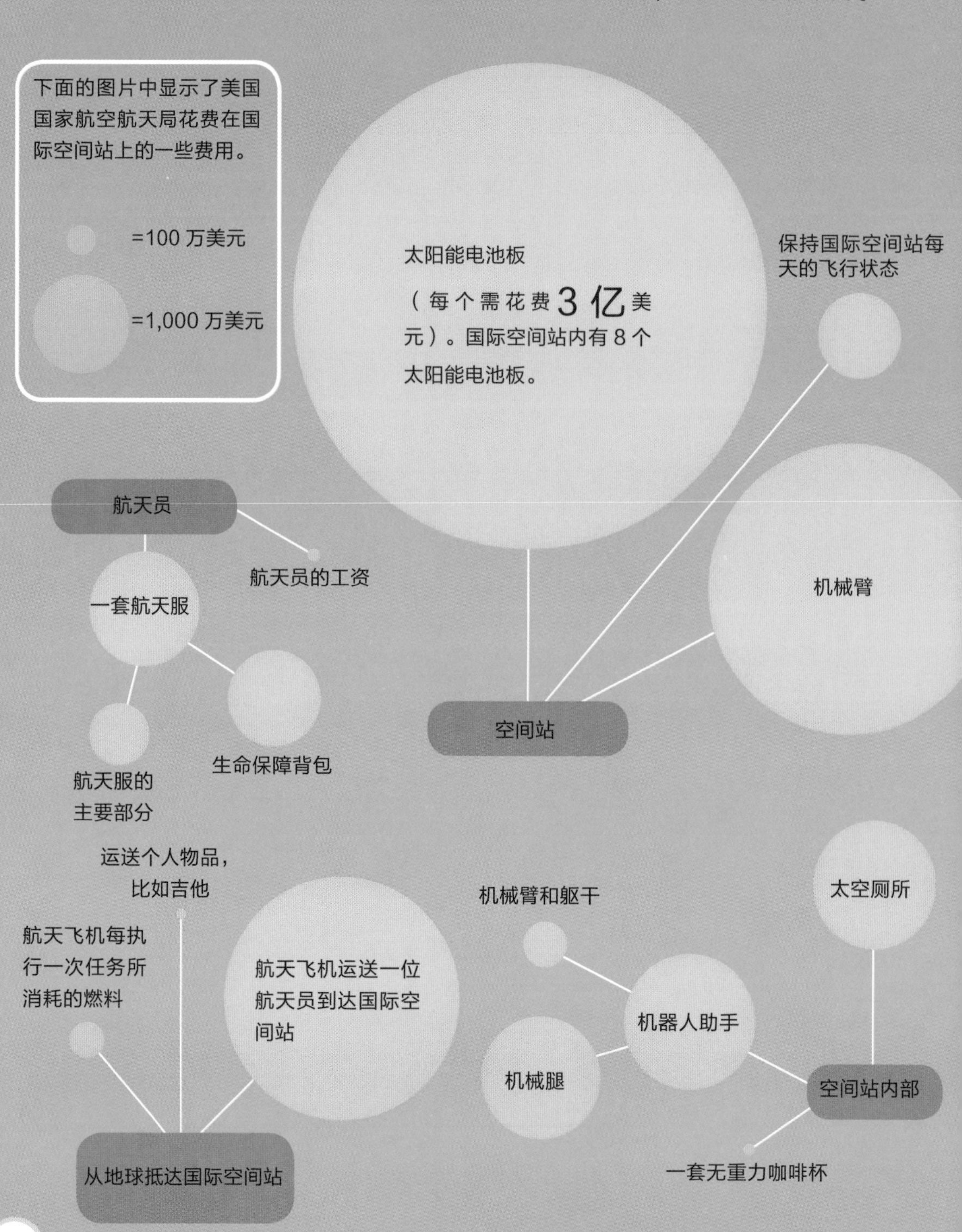

51 缓步动物是……

唯一能在太空生存的动物。

缓步动物，也叫水熊虫或苔藓小猪，体长仅 0.5 毫米左右，主要生活在长有苔藓的潮湿环境中。在 2007 年的一次实验中，它们在太空中生存了 10 多天。

它们可以承受……

高压！

缓步动物能够在真空中生存，也能在高压环境下生存。它能在比海洋最深处的压力还要大 6 倍的环境中生存。

高辐射！

缓步动物能在高剂量辐射环境下生存。1% 的辐射量就能杀死一个成年人。

极端温度！

缓步动物能在－272℃—151℃的温度中生存。－272℃仅比绝对零度高 1℃。绝对零度是热力学的最低温度，达到绝对零度时，原子会停止运动。

极度干旱！

在极度干旱的环境中，缓步动物会脱去身体 98% 的水分，并且在脱水的状态下休眠 10 年。然后它们会醒过来，继续爬行，就好像什么事也没有发生过。

52 发生在太空中的激光战，

应该是黑暗而寂静的。

为了使打斗场面更刺激，更引人入胜，一些太空题材的电影和漫画作品无视科学原理，描绘了大量刀光剑影的打斗场景。但这种场景在现实中是不可能发生的。

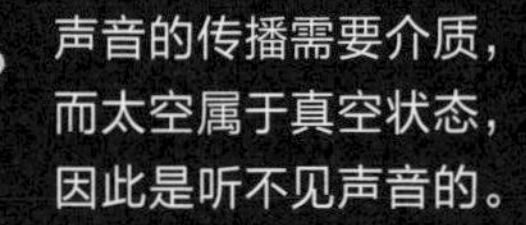

爆炸不会产生火光，因为太空中没有氧气，无法燃烧。

激光以光速传播。这么快的速度，是不可能躲避开的。

从另一层面来说，激光束是看不到的，除非照射到尘埃或气体云后，被反射回来。

由于太空中没有空气，因此飞船不需要设计成流线型造型来快速改变方向。

53 星座的图案，

只是人类一厢情愿的想法。

天文学家把星空分为若干区域，并把每个区域中最亮的恒星组合成不同的图案，也就是星座。尽管看上去恒星之间距离很近，实际上，它们彼此之间距离非常远。

说明：

○ 从地球上看到的组成猎户座的数颗恒星的样子

● 这些恒星相对于地球的实际位置

光年 天体之间的距离，下图展示了不同天体距离地球的光年数

参宿二 距地球约 1,359 光年

参宿一 距地球约 1,239 光年

参宿三 距地球约 1,262 光年

参宿四 距地球约 643 光年

参宿七 距地球约 860 光年

参宿五 距地球约 243 光年

参宿六 距地球约 724 光年

猎户座得名于希腊神话中的一名猎手。

54 尼尔·阿姆斯特朗的靴子，

至今还留在月球上。

返回地球前，“阿波罗 11 号”的航天员将他们不需要的东西丢在了月球上。总的来说，人类丢弃在月球上的垃圾已经超过 180 吨。

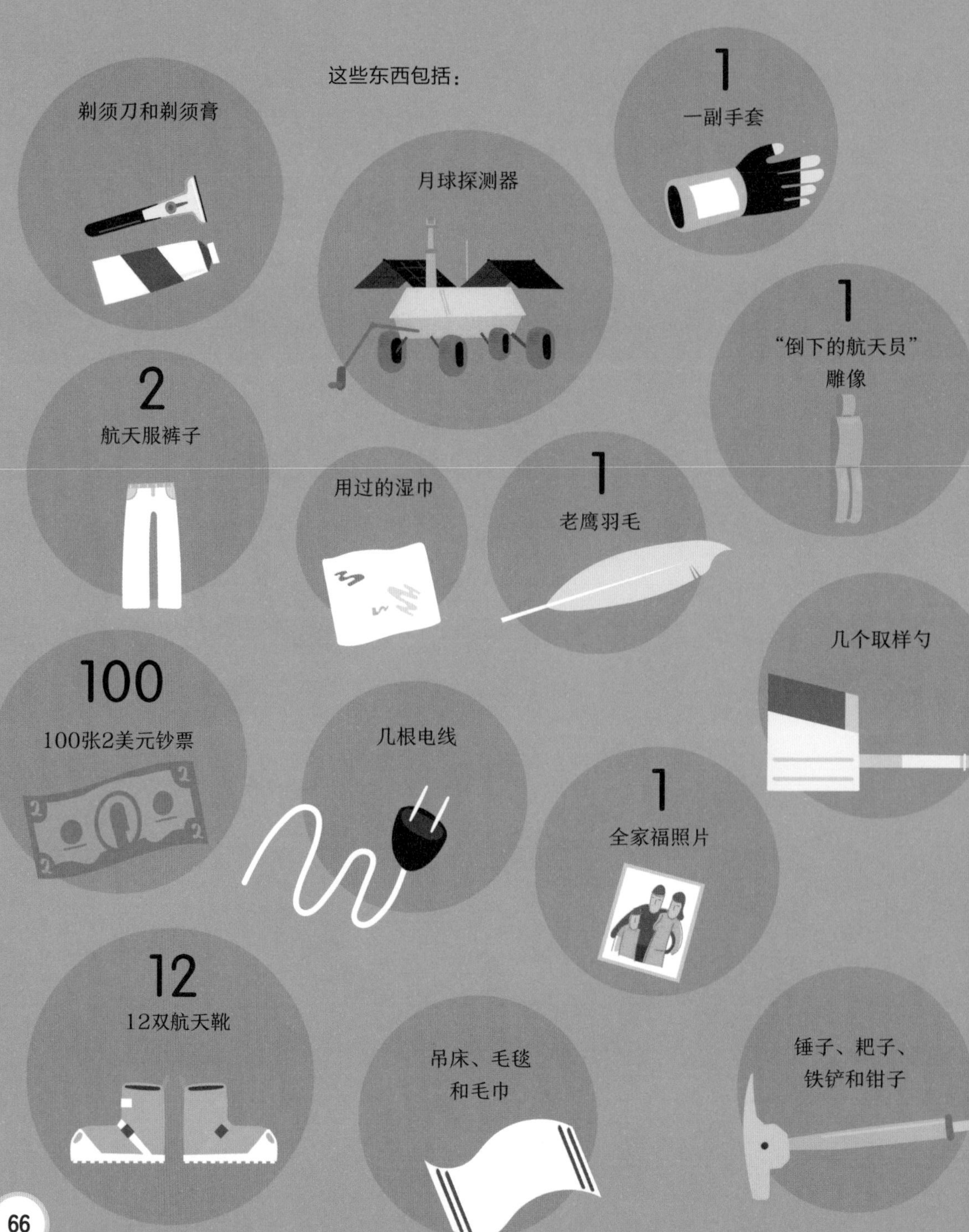

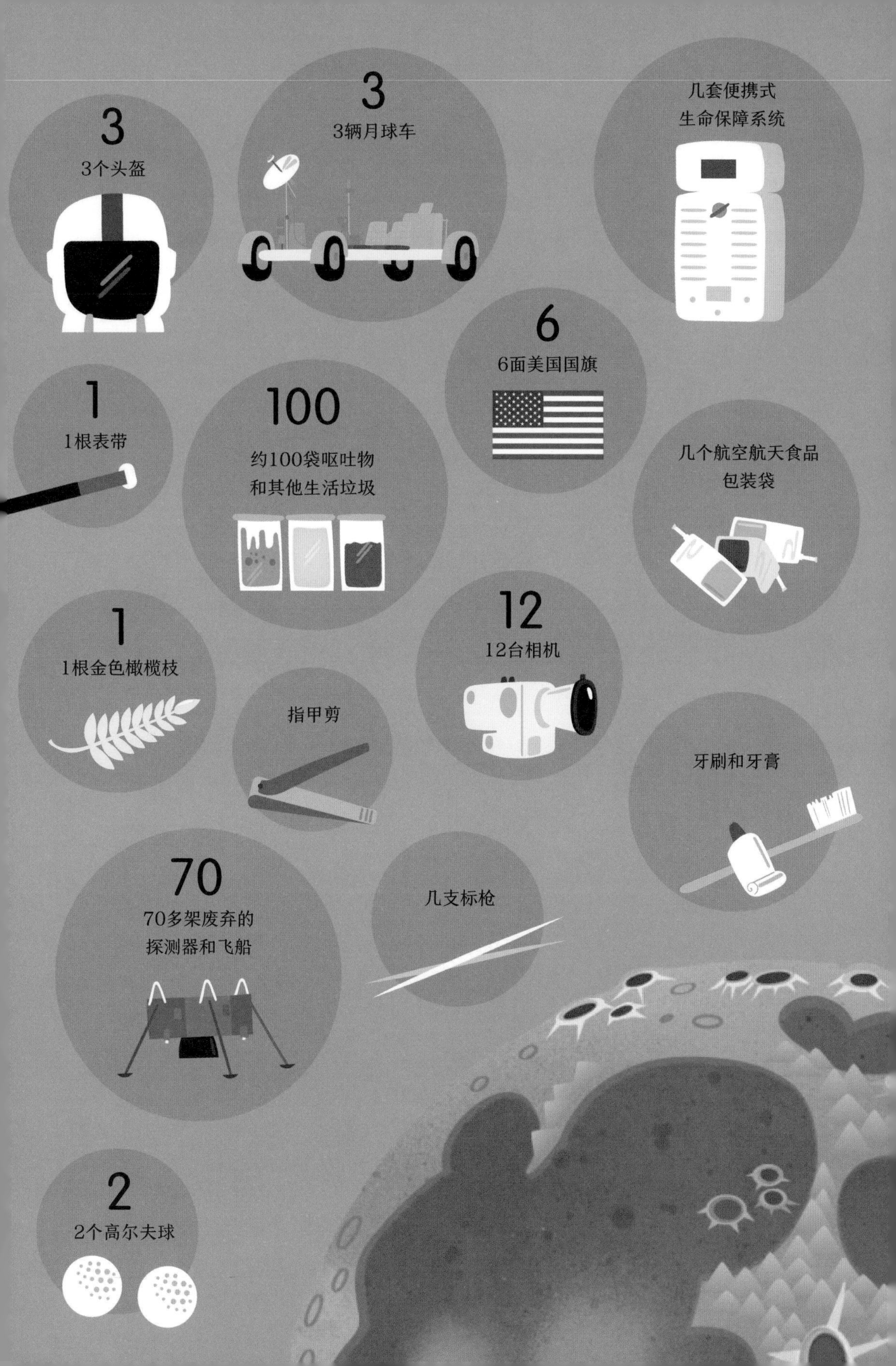
3
3个头盔
3
3辆月球车
几套便携式
生命保障系统
6
6面美国国旗
1
1根表带
100
约100袋呕吐物
和其他生活垃圾
几个航空航天食品
包装袋
1
1根金色橄榄枝
12
12台相机
指甲剪
牙刷和牙膏
70
70多架废弃的
探测器和飞船
几支标枪
2
2个高尔夫球

55 海王星是被……

一位数学家发现的，而不是天文学家。

1846 年，海王星首次被天文学家证实为行星。但天文学家之所以能观测到海王星，多亏了一位数学家。

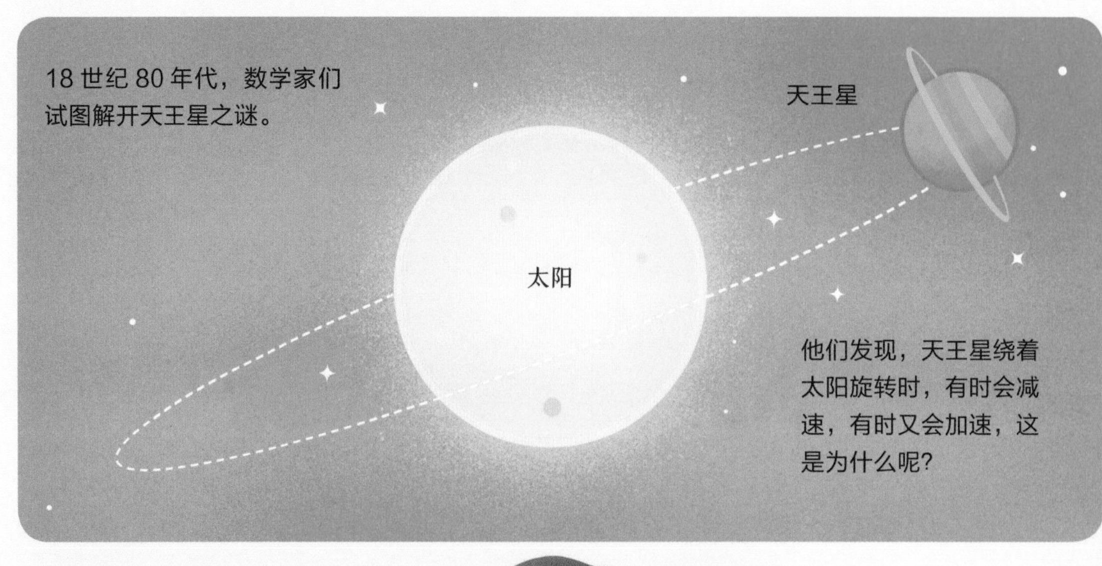

1821 年，天文学家亚历克西斯 · 布瓦尔提出了一种可能性。

天王星附近还有一颗较大的、未知的行星。当两者靠近时，天王星会受到这颗未知行星的引力影响。

19 世纪 40 年代，奥本 · 勒维耶和约翰 · 库奇 · 亚当斯两位数学家几乎同时计算出了这颗未知行星的存在。

1846 年，天文学家约翰 · 格弗里恩 · 伽勒根据勒维耶的计算，在距离答案位置不远的地方找到了海王星。

56 英寸、盎司和磅等单位，

使用不当会毁掉一艘宇宙飞船。

火星探测器的飞行系统使用的是公制单位，距离用米为单位，质量用千克为单位。

但地面工作人员却使用了英制单位，即距离用英尺和英寸为单位，质量用磅为单位。

使用单位不统一，使火星和探测器之间的估算距离出现重大误差，导致了灾难性的后果。

57 银河系和仙女座星系……

将会在若干年后相撞。

银河系与仙女座星系相距约 250 万光年，两者以约每秒 110 千米的速度相互靠近。

①

天文学家预计 40 亿年后，银河系将会与仙女座星系相撞。

②

由于恒星之间的距离非常遥远，碰撞也许并不会引发星球的毁灭或爆炸。

③

两个星系会互相穿过对方，就像一团旋转的薄雾穿过雨幕一样。

④

但它们的命运是交织在一起的。引力会使它们渐渐靠近，最终合并成一个椭圆形的超星系。

58 航天员喝的水……

是反复循环利用的。

把水送入太空轨道的费用极高。为最大化利用水资源，科学家们在空间站中建立了一套循环系统，可回收约 93% 的水资源。

59 太空中有很多危险，

但没人知道哪种危险最为致命。

没有保护服，一个人在太空中至少面临三种致命危险，每一种都能在短短 60 秒内置人于死地。

1 没有氧气

太空中没有大气层，因此人体肺部的氧气会被迅速抽出，根本不能屏住呼吸。

如果大脑得不到持续的供氧，人就会很快失去意识并死亡，这就是缺氧。

2 缺乏大气压力

人的身体已经适应了地球上的大气压力。

一旦没有足够的压力，血液和骨骼内会迅速形成气泡，身体会膨胀起来。

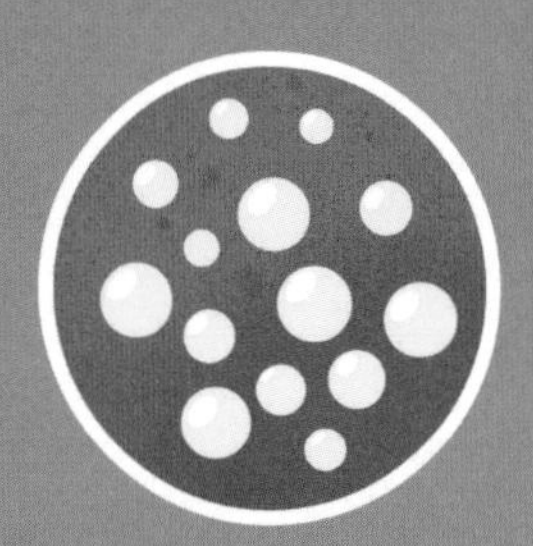

只要短短 90 秒，大量气泡就会使血液停止流动，这称为体液沸腾。

安全的地球

地球周围覆盖着厚厚的大气层，它是由氧气和其他气体组成的。地球周围还有磁场。

两者共同保护着地球上的生物免受伤害。

大气层提供氧气和大气压

太阳

辐射

地球

磁场和大气层能够阻挡太阳辐射。

3

暴露在辐射环境中

太阳发出的宇宙射线会损伤人体的细胞，紫外线会灼伤皮肤。

航天服可模拟地球上的生存条件。

尽管没有人知道这三种危险中哪一种最为致命，但可以肯定的是，一旦脱下航天服，航天员会立刻毙命。

60 一个学生的科研成果，

被自己的老师偷走了。

在 20 世纪 20 年代之前，大多数天文学家都认为太阳的主要成分与地球一样。但博士生塞西莉亚·佩恩却证明了这种观点是错误的。

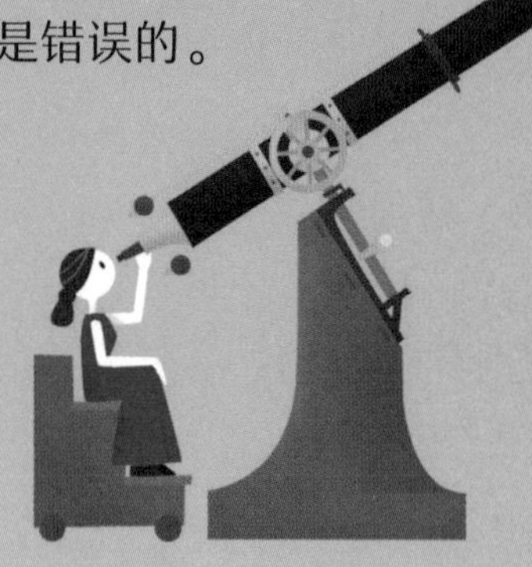

1900 年

塞西莉亚·佩恩出生于英国。

1919 年

佩恩在剑桥大学学习自然科学，但当时的剑桥大学不会给女性授予学位。

1923 年

佩恩前往美国哈佛大学，攻读天文学博士学位。

1925 年

在进行一项研究时，佩恩深入研究了太阳光。她发现，太阳的成分与地球并不一样。地球是由岩石和金属构成的，而太阳的主要成分是氢。资深天文学家亨利·罗素建议她不要在博士论文中提出这一尚有争议的发现。

太阳的成分：

- 氢约占 70%
- 氦约占 28%
- 其他元素约占 2%

1929 年

罗素经过分析，证实了佩恩的观点是正确的，但他却将主要功劳都归在自己身上。

20 世纪 30—60 年代

塞西莉亚·佩恩结婚后跟随夫姓，改姓佩恩－加波施金。她一生致力于天文学研究，测量了 200 多万颗恒星发出的光。

1979 年

塞西莉亚·佩恩－加波施金在这一年去世了。而她的成就也给了世界各地研究天文学或其他学科的女性很大的鼓励。

61 大爆炸产生的回声，

最初被误认为是鸽子粪造成的。

1963 年，美国天文学家发现射电望远镜总能收到一种微弱的干扰信号。起初，他们以为这是由于射电望远镜里面有个鸽巢。

但是当他们把鸽子赶走，并把望远镜清理干净后，这种干扰信号却依然存在。

这并不是干扰信号，而是来自遥远宇宙的声音。无论望远镜朝向哪个方向，都能收到它。

哎——

嗞——

事实上，天文学家收到的是宇宙大爆炸产生的回声。宇宙大爆炸与时间和空间的起源有关。

嗡嗡……

嗡嗡……

宇宙微波背景辐射以微弱的无线电波和微波形式在宇宙中传播，进而产生了回声。

62 天文学家通过倾听……

来探索太阳的内部结构。

太阳是由不断产生旋涡的高温气体和等离子体构成的。为了弄清楚太阳内部活动，天文学家们将这些旋涡转换为声波。

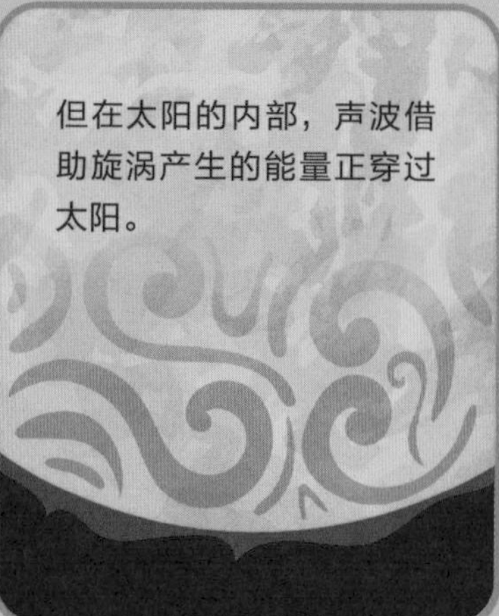

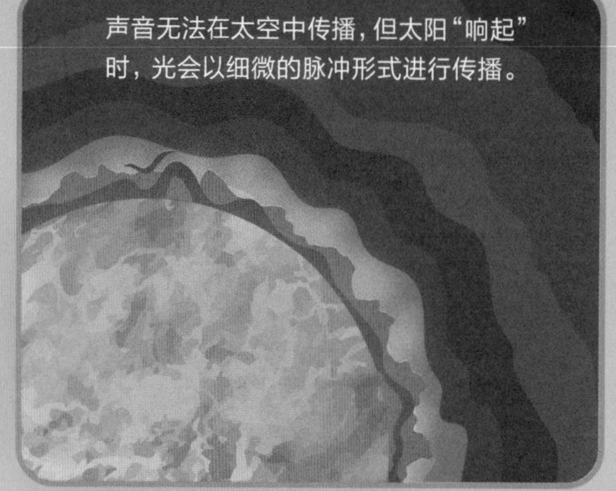

天文学家利用计算机将这些光脉冲转换成声波。

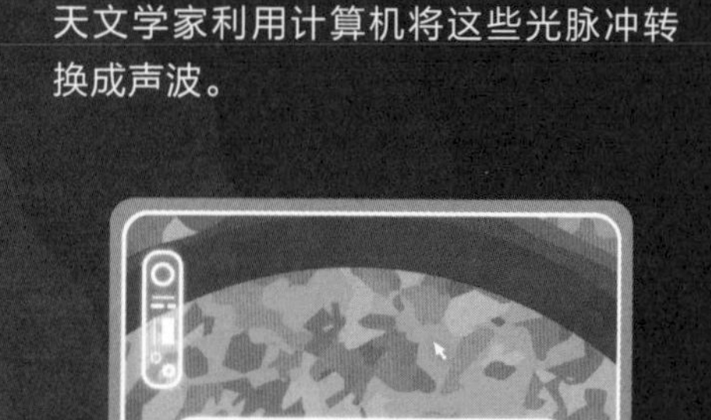

通过对声波的分析，天文学家了解了太阳的内部结构。这种技术也被叫作日震学。

通过日震学，我们了解了太阳的内部构造。

63 如果你和黑洞靠得太近，

就会被拉长，像意大利面一样。

黑洞是大质量恒星爆炸后留下的残骸。黑洞的引力非常大，能把物体拉成线条。

黑洞边缘有一个假想面，称为视界。宇宙飞船可以安全地绕着视界飞行。

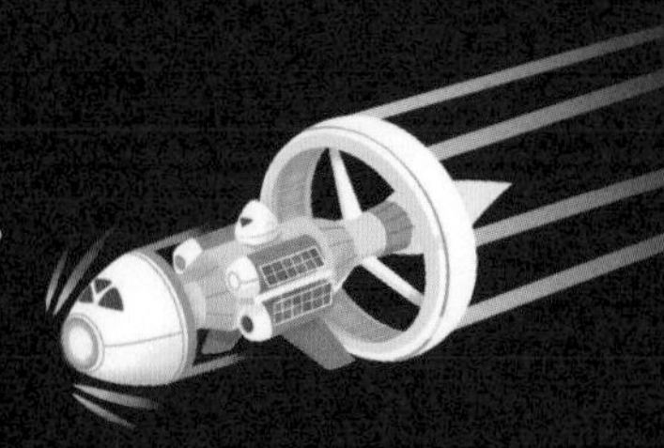

然而，想要绕视界飞行，速度必须要接近光速（如今的技术水平还未达到）。

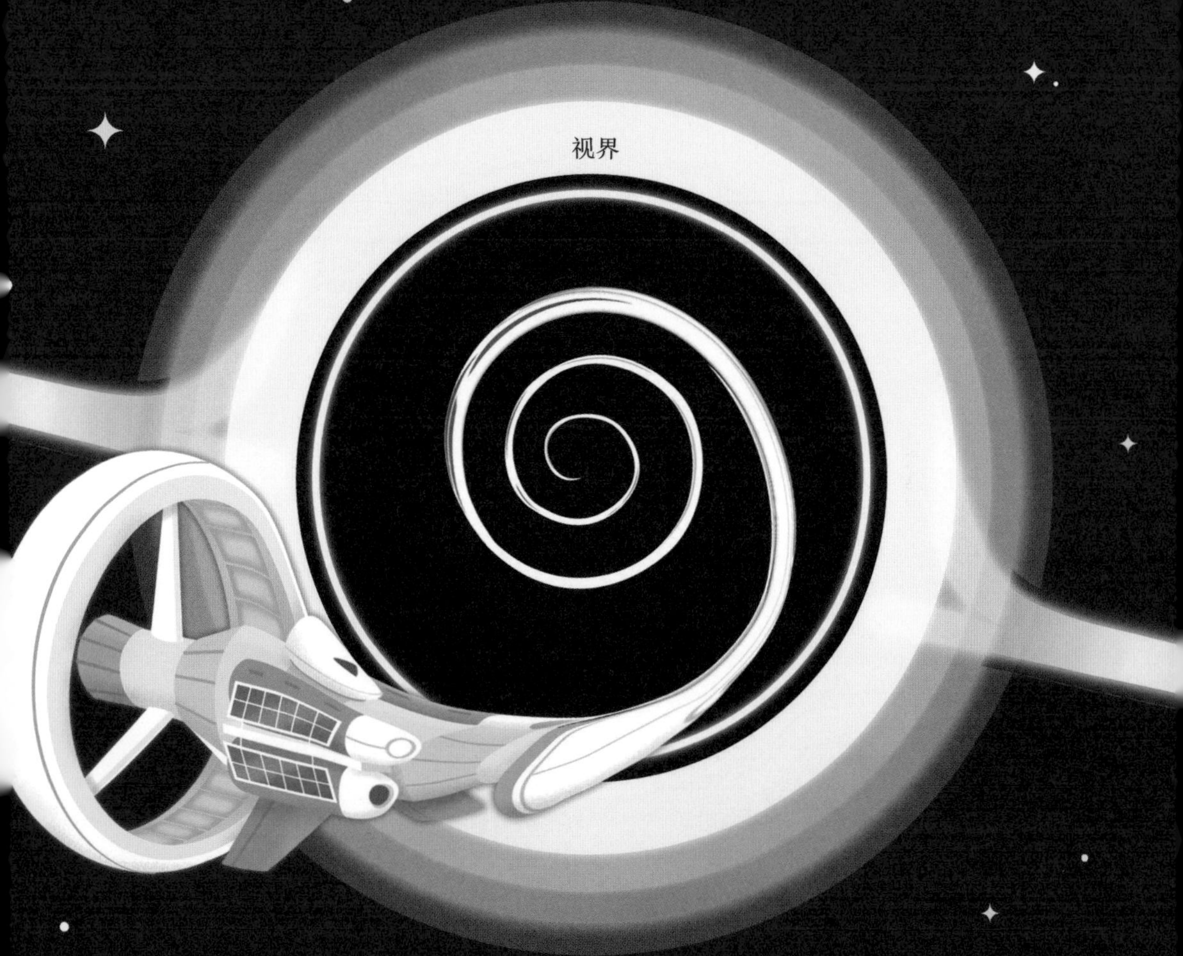

一旦宇宙飞船掉进视界内，就再也摆脱不掉黑洞的引力了。飞船前端受到的引力比后端的更大，整艘飞船很快就会被拉长，就像一根意大利面一样。

64 在神话传说中，月亮上住着一个人，

还住着一只兔子和一只青蛙。

千百年来，世界各地的人们根据月球表面的斑块形状创作了各种各样的神话形象。这其实都是一种幻想性错觉。

月球上的深色斑块实际上是火山岩和月海。根据这些斑块，不同国家的人们想出了许多神话形象。

在中国和日本，人们认为这是兔子在捣药或捣年糕。

在非洲部分地区和北美洲，人们认为这是一只蹦蹦跳跳的青蛙。

在一些西欧国家，人们认为这是一个扛着一捆柴的人。

在阿拉伯国家，人们认为这些阴影很像字母。他们根据形状拼出了“阿里”（Ali）的名字。

65 发送给外星人的信息……

已经被传送到了外太空。

天文学家已向宇宙发送了很多信息，试图与外星人取得联系。只要外星人能看懂人类的文字，就可以读懂这些信息。

阿雷西博信息被分解后，可以以图片的形式显示出来，其中包含了关于人类生活的一些信息内容，如：

人类 DNA 的形状长什么样?

01000

00100

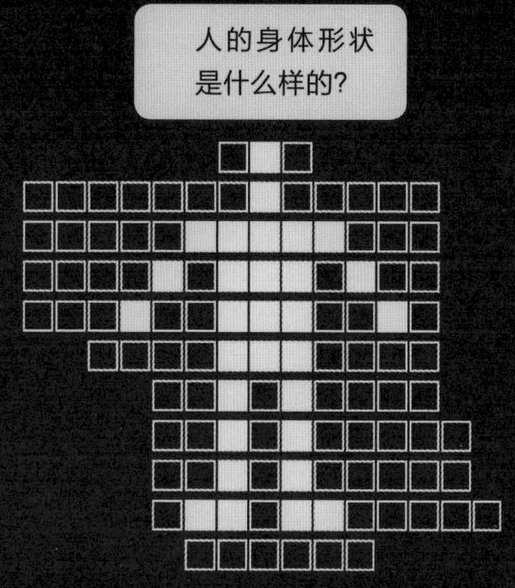

66 土星会收集碎片，

变成自己的土星环。

土星环由数以百万的碎片组成，其主要成分是冰。这些碎片来自彗星、卫星和小行星。它们被土星的引力拉住，在剧烈碰撞中裂成无数块碎片。

这些碎片有的小如沙粒，有的大如房子，大多数还没有人的手掌大。

土星环直径约 250,000 千米，但大多数地方仅有 10 米厚。

地球

约 12,700 千米

土星环
（从侧面看）

土星
（从侧面看）

约 250,000 千米

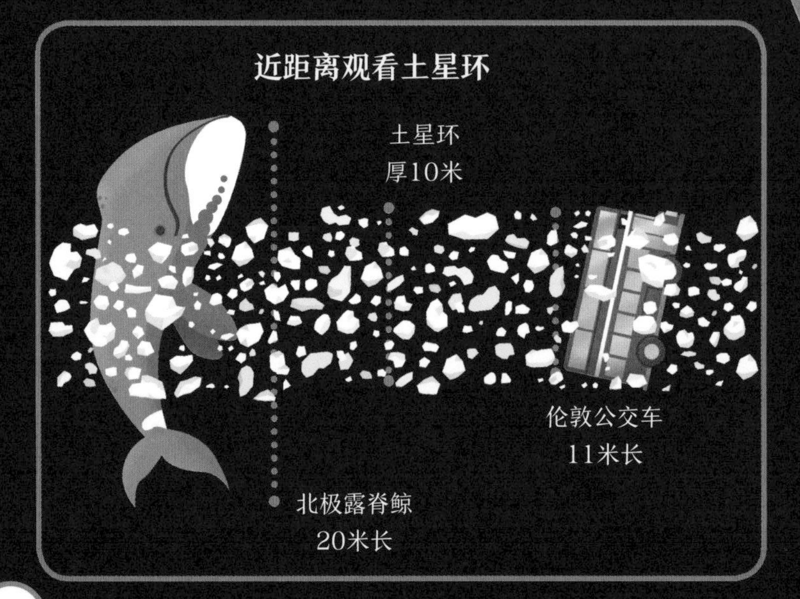

土星环中飘浮的小冰块会随着时间的推移逐渐聚集到一起，形成微小卫星，进而形成卫星，并迁移至更宽阔的轨道上，就像下面这四个卫星一样。

迄今为止，科学家们已经在土星周围发现了53颗卫星，估计以后还会发现更多。

一些小卫星，如土卫十八，在土星环内的轨道上运行。它们需要一路披荆斩棘，不断扫除前进道路上的冰块。

67 太阳其实并不是黄色的，

而是亮白色的。

太阳光以波的形式传播。阳光进入大气层后会发生散射，称为瑞利散射。这就是太阳呈现出黄色的原因。

68 “机遇号”探测器是……

跳着登陆火星的。

为探索火星，美国国家航空航天局将两台火星探测器送上了火星。其中一台叫作“机遇号”，它是以弹跳的方式着陆的。

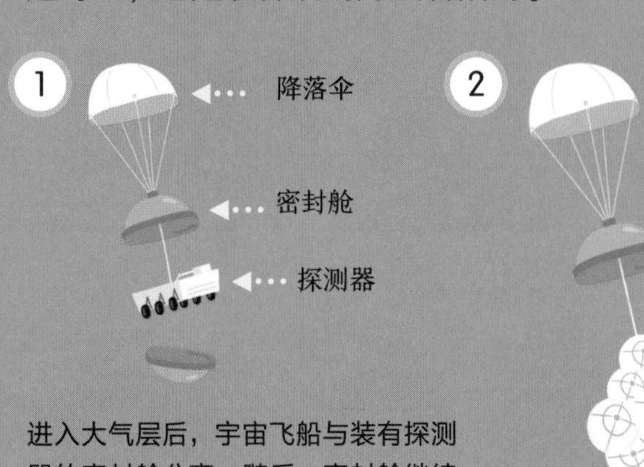

进入大气层后，宇宙飞船与装有探测器的密封舱分离。随后，密封舱继续下降，并在下降过程中打开降落伞，释放出探测器。

探测器与密封舱分离。此时，它外面包裹着充满气的安全气囊。

探测器蹦蹦跳跳地落到了火星上。

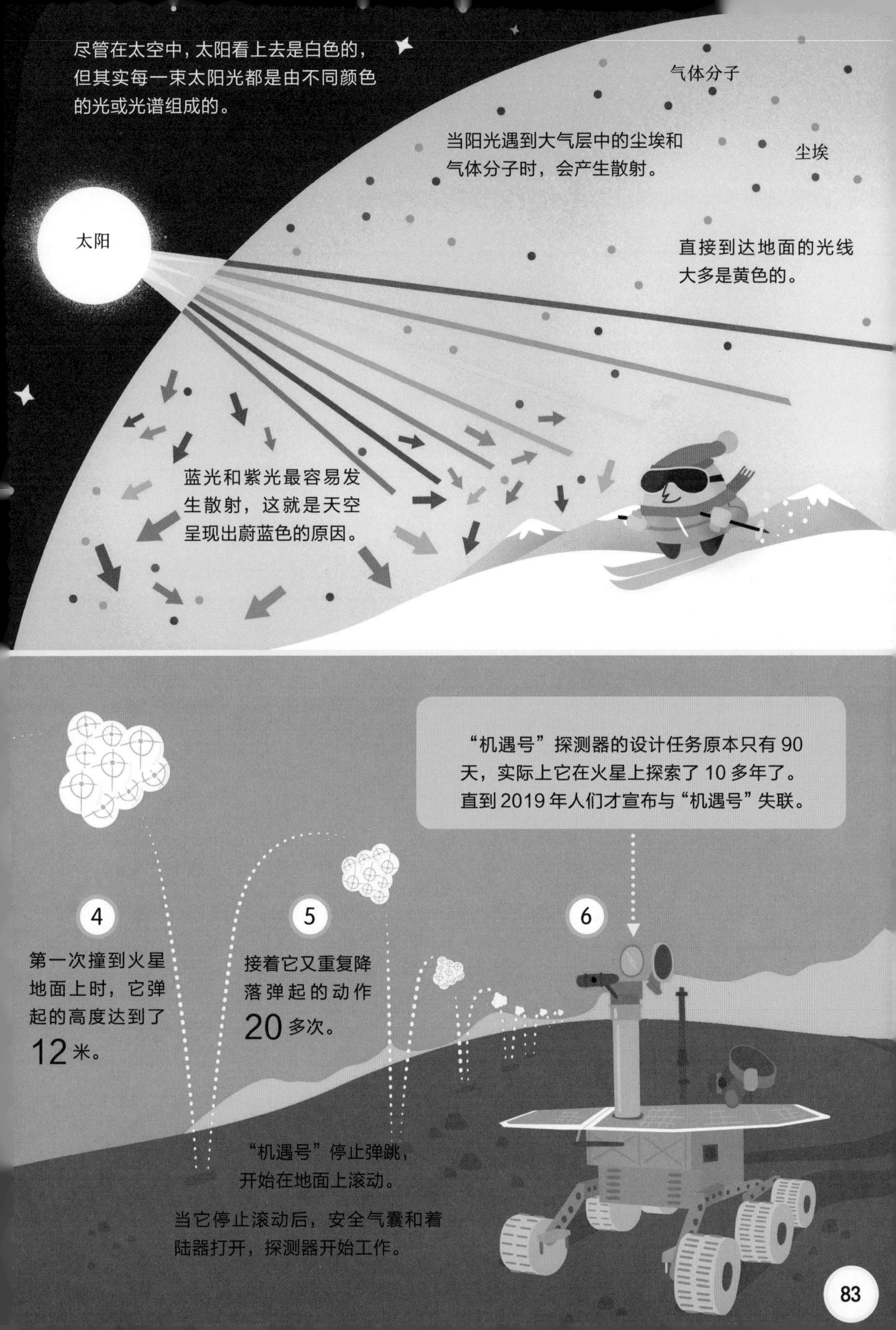
尽管在太空中，太阳看上去是白色的，但其实每一束太阳光都是由不同颜色的光或光谱组成的。
气体分子
当阳光遇到大气层中的尘埃和气体分子时，会产生散射。
尘埃
太阳
直接到达地面的光线大多是黄色的。
蓝光和紫光最容易发生散射，这就是天空呈现出蔚蓝色的原因。
“机遇号”探测器的设计任务原本只有90天，实际上它在火星上探索了10多年了。直到2019年人们才宣布与“机遇号”失联。
4
第一次撞到火星地面上时，它弹起的高度达到了12米。
5
接着它又重复降落弹起的动作20多次。
6
“机遇号”停止弹跳，开始在地面上滚动。
当它停止滚动后，安全气囊和着陆器打开，探测器开始工作。

69 从哪里开始属于太空范围，

还没有明确的规定。

航天器起飞，离开地球——它们周围的空气越来越稀薄——然后进入太空。但是地球大气层和太空的边界究竟如何界定还没有明确的说法，所以航天员可能并不清楚自己是什么时候进入太空的。

多年来，军事和科学专家提出了一些关于空间起点的定义。

海拔 80 千米

有人说太空从这里开始——空气已经变得非常稀薄，无法支撑住大多数飞机的机翼。

100 千米

等一下，我们已经在太空了吗？

这里被称为卡门线，是以一位科学家的名字命名的。他计算出，即使是火箭驱动的飞机也无法飞越这条线，只有宇宙飞船才能飞得更远。

130—150 千米

这个区域是轨道卫星到地球的最近距离。再近一点儿，大气层较厚，就会起到减速的作用，减慢卫星的速度，使其返回地球。

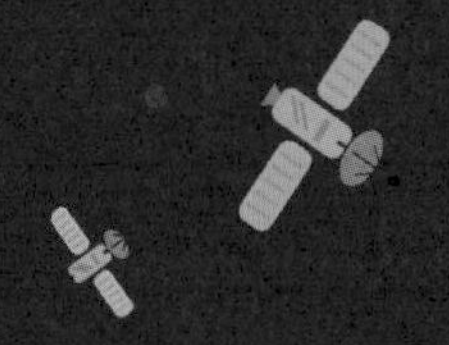

700 千米

这是地球大气层的最外层，也就是逃逸层开始的地方。这个区域既是地球的一部分，也是太空的一部分，并且还会延伸到月球。在这里，构成空气的原子可以旅行数千米，相互之间不会发生碰撞。

70 火星上的雪花，

都是方形的。

火星大气层中的主要成分是二氧化碳。寒冷的冬天，二氧化碳会凝结成微小的方形晶体，也就是干冰。干冰会像雪一样落下。

在地球上，水结晶后会形成形状复杂的雪花。

二氧化碳晶体则是微小的立方体结构。

和地球一样，火星的两极也有永久性的冰盖。冰盖的主要成分是水冰，冬天时则覆盖着一层干冰。

71 全副武装的航天员……

可能要面对狼和熊。

多年以前，即使克服重重危险完成了航天任务（如发射火箭及首次太空漫步），对俄罗斯航天员来说，返回地球也不是件轻松的事情，他们很可能在着陆后面对饥肠辘辘的狼或熊。

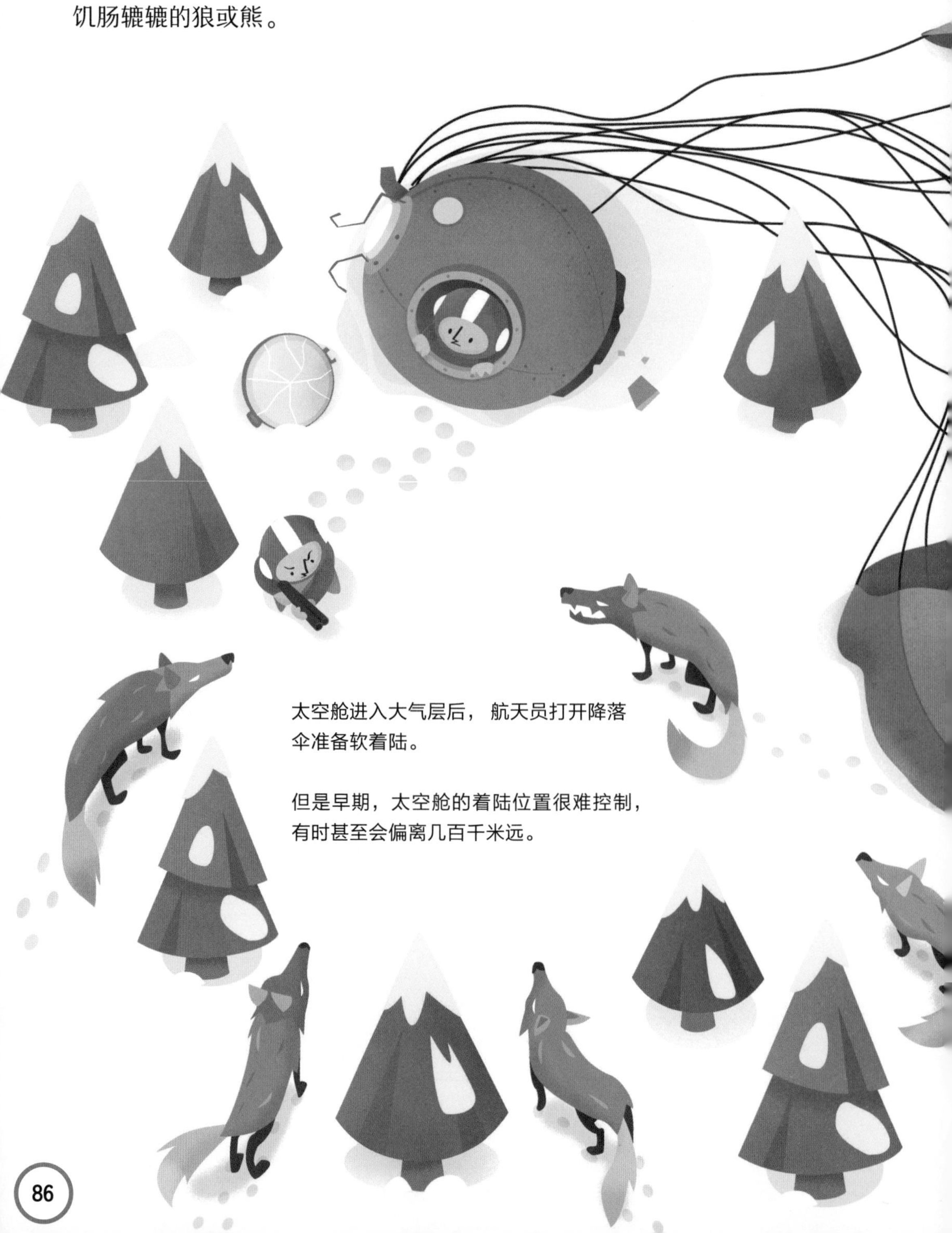

太空舱进入大气层后，航天员打开降落伞准备软着陆。

但是早期，太空舱的着陆位置很难控制，有时甚至会偏离几百千米远。

航天员有时会飞过着陆区，空降到俄罗斯北部被白雪覆盖的茂密森林中。

那里还有四处觅食的动物，航天员不得不就地露营，等待搜救队乘雪橇或直升机赶来搭救。

俄罗斯宇航部门为航天员配备了一种专门的自卫武器——太空枪。这种枪有三个枪管，可以发射信号弹、霰弹和步枪弹。

72 月球探测中用到的技术……

已走进千家万户。

20 世纪 60 年代，“阿波罗号”的航天员在月球表面首次使用了无绳电钻。这项技术促进了地球上第一台无绳吸尘器的诞生。

下面是其他一些已经走进人们日常生活的太空技术：

耐磨涂层

用于航天服头盔面罩的特殊涂料，现在已广泛用于护目镜。

假肢

太空探测器技术的发展现已用于制造更好的假肢。

冻干食品

冻干食品重量轻，营养丰富，适合航天员和徒步旅行者食用。

耐热材料

耐热材料原用于保护航天器，现在也用来保护消防员的安全。

73 虫洞……

是穿越时空的隧道。

从理论上来看，虫洞是连接两个不同时空的隧道。没有人知道虫洞是否真的存在，但天文学家相信他们一定可以找到虫洞。那时，人类就可以利用虫洞来穿越时空。

天体物理学家认为引力场可以使空间扭曲，并形成一些裂缝。两个裂缝连起来就是一个虫洞。

之所以叫作虫洞，是因为它就像一只虫子在苹果上咬穿了一个洞。

但利用虫洞穿越时空的理论存在一些问题：
虫洞极其微小，
虫洞可能会塌陷，
无法得知虫洞将通向何时何方。

因此，如果穿过一个虫洞的话，你可能会出现在几百万年后的某个地方。

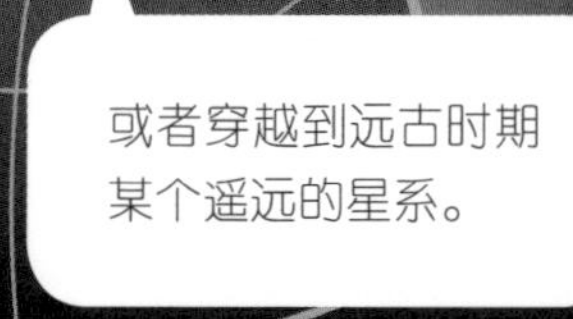

74 即使现在太阳燃烧殆尽，

它还能继续照射地球 100 万年。

太阳内部的原子发生核聚变反应，产生大量的光和热。假设它们突然停止反应，太阳内部仍有足够的能量让它在很长时间内继续产生辐射。

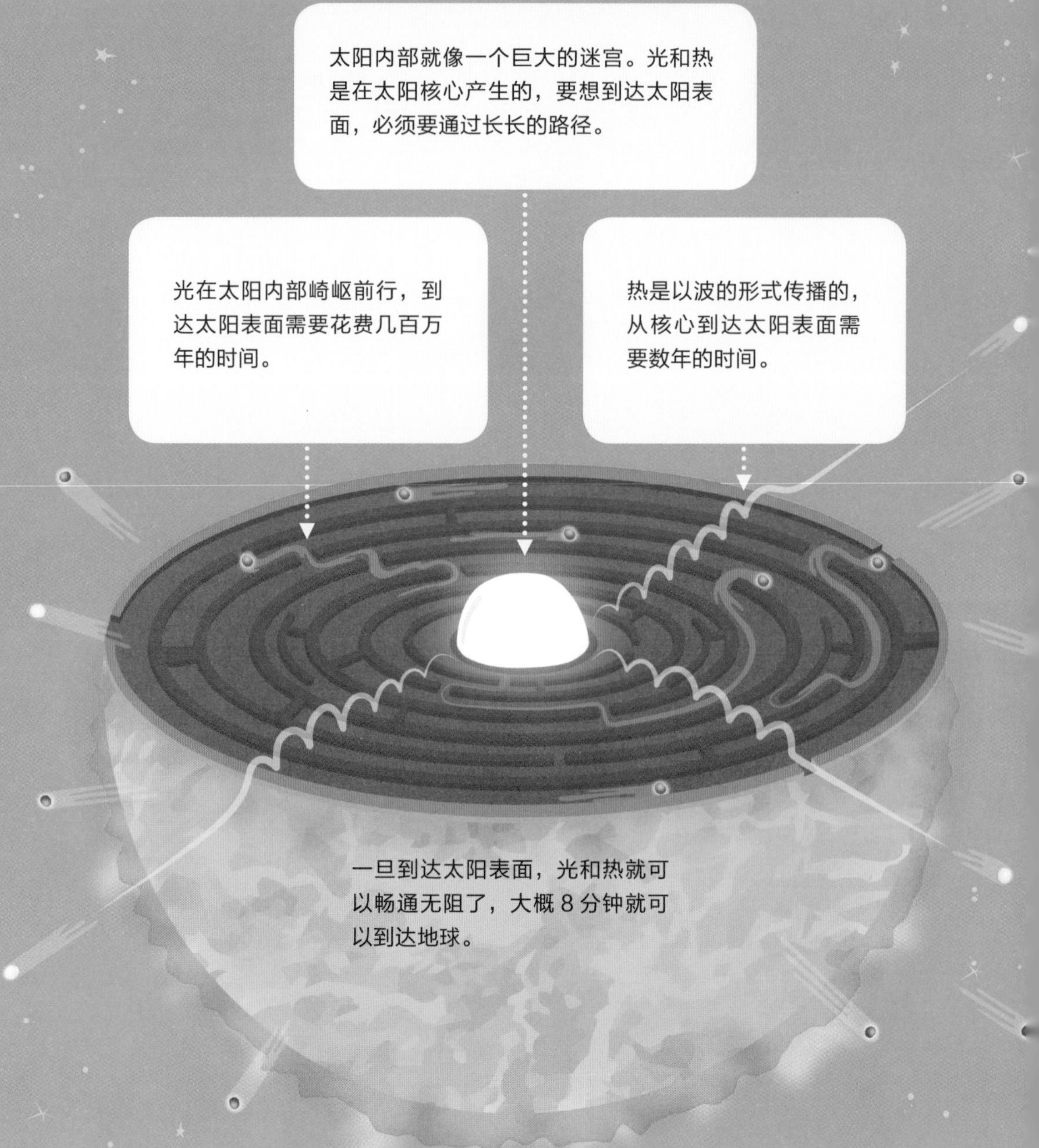

太阳内部就像一个巨大的迷宫。光和热是在太阳核心产生的，要想到达太阳表面，必须要通过长长的路径。

光在太阳内部崎岖前行，到达太阳表面需要花费几百万年的时间。

热是以波的形式传播的，从核心到达太阳表面需要数年的时间。

一旦到达太阳表面，光和热就可以畅通无阻了，大概 8 分钟就可以到达地球。

别担心！
太阳至少还可以照射地球 50 亿年。

75 金属在太空中……

会发生冷焊现象。

航天员在空间站外进行维修时，一定要小心不要使两种金属直接接触，因为它们会立刻粘在一起，原因是：

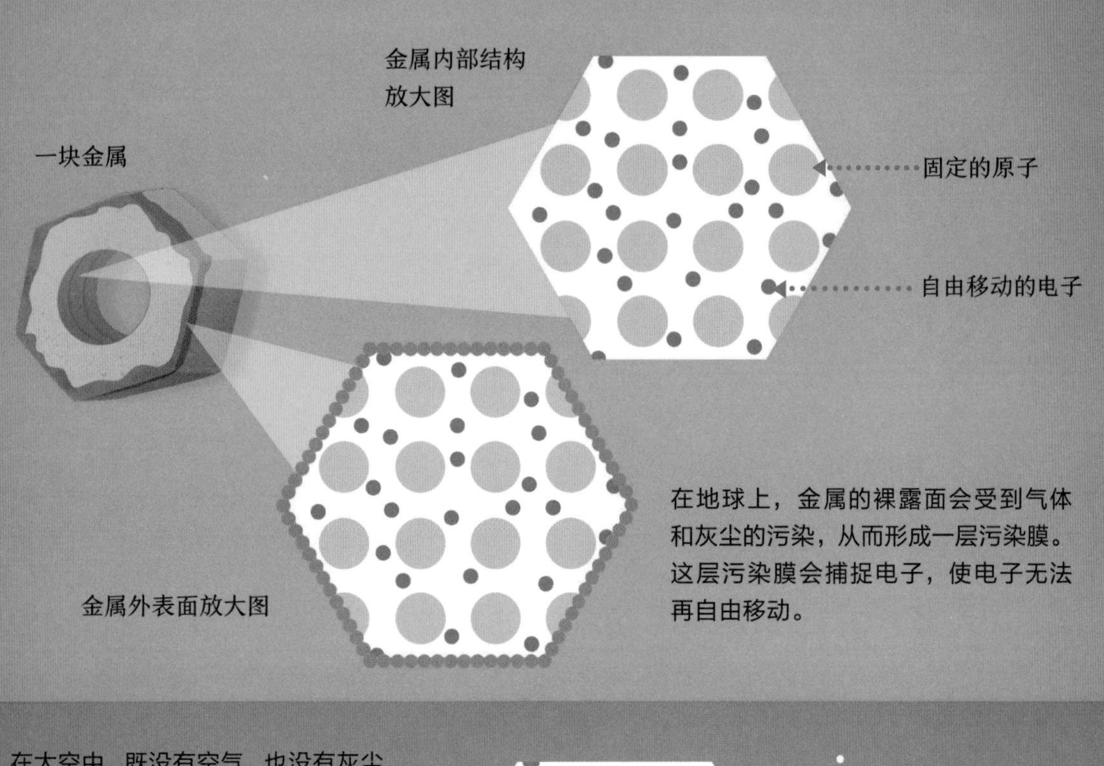

在地球上，金属的裸露面会受到气体和灰尘的污染，从而形成一层污染膜。这层污染膜会捕捉电子，使电子无法再自由移动。

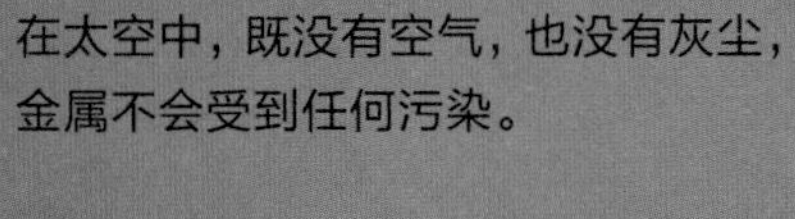

在太空中，既没有空气，也没有灰尘，金属不会受到任何污染。

76 在月球上打高尔夫……

这是第一次进行的地外运动。

1971 年，“阿波罗 14 号”航天员艾伦 · 谢泼德将两颗高尔夫球和一根球杆带到了月球上。

月球引力较小

谢泼德的航天服又硬又笨重，他只好用一只手击球。

球杆是用一根六号铁的杆头和一个取样勺的把手做成的。

现在，这根球杆被收藏在一个高尔夫球博物馆中，而那两颗高尔夫球则留在了月球上。

77 人类可以考虑移民到木卫二上，

但最好考虑周全再做决定。

木卫二是木星的卫星之一。探测器传回的图像表明，木卫二的冰层下面可能有海洋。也许有一天，人类可以移民到木卫二上。

移民须知

- 平均往返时间：约12年。
- 木卫二表面温度约为：
  −170℃。
- 木卫二表面辐射水平：人类每天致死剂量的108%。
- 木卫二的低重力环境可能会造成：人体肌肉萎缩，骨密度降低，视力下降。
- 木卫二的海洋中可能有：未知的外星生物。
- 冰层的运动可能会引发：冰震。
- 人类不一定能生存。

78 水星上的一天，

约等于三分之二个水星年。

水星自转速度很慢，但公转速度却非常快。与地球相比，水星上的一天非常漫长，而一年的时间却很短。

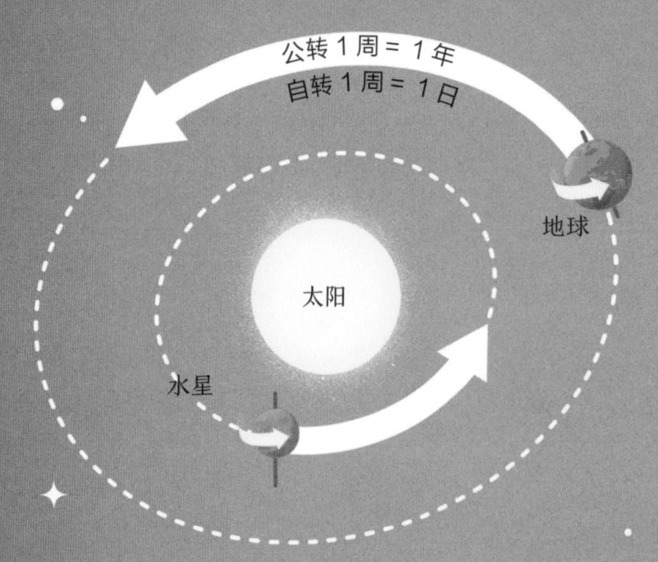

	一天	一年
地球	24 小时 （地球上 1 天）	8,760 小时 （地球上 365 天）
水星	约 1,407 小时 （地球上 58 天）	2,112 小时 （地球上 88 天）

在水星上，三个水星日约等于两个水星年。

79 在天卫五上，即使从悬崖上跳下去，

你也不需要降落伞。

天卫五是天王星的一颗很小的卫星，表面布满了巨大的峡谷。

天卫五的引力还不到地球的1%，因此即使从悬崖上往下跳，下降的速度也很慢。直到最后会轻轻地落在地面上。

80 人类为废弃的卫星……

准备了一条墓地轨道。

就像太破太旧的汽车无法继续使用一样，当人造卫星达到服役年限或者出现故障时，就会进入满是废弃航天器的轨道上，这条轨道称为墓地轨道。

卫星利用最后一点儿燃料飞离地球，进入墓地轨道。

墓地轨道上的卫星既不需要燃料，也不需要管理。

地球周围飘浮着约500,000块太空垃圾。

如果太空垃圾与服役中的宇宙飞船相撞，就会造成巨大的破坏。因此，所有比网球大的太空垃圾都会受到密切监控，以便宇宙飞船躲开这些危险物体。

81 直到伽利略发现木星的卫星以前，

人们一直以为所有的天体都是围绕地球旋转的。

几百年来，人们一直认为地球是宇宙的中心，所有天体（包括太阳）都围绕地球旋转，这就是地心说。

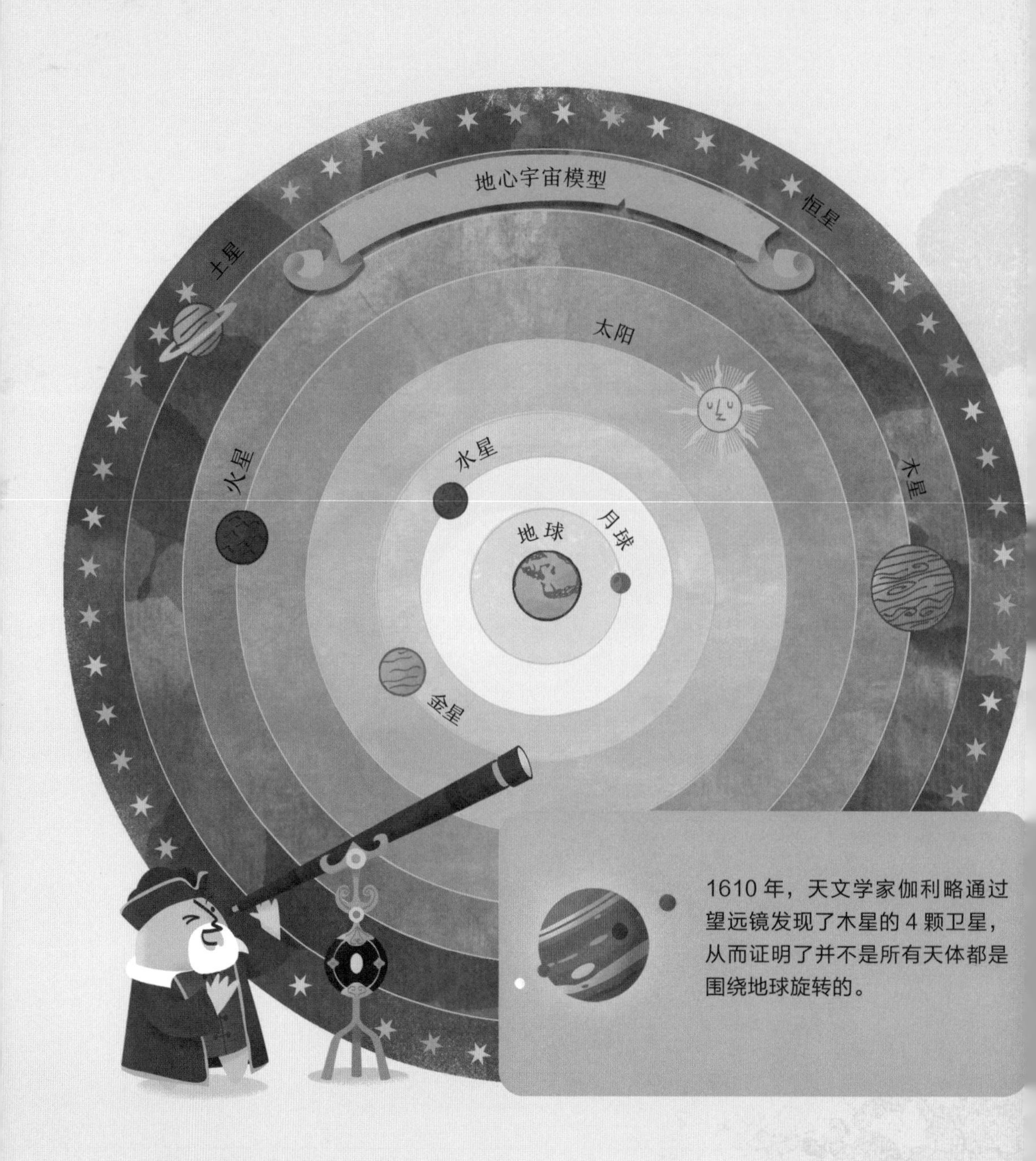

1610 年，天文学家伽利略通过望远镜发现了木星的 4 颗卫星，从而证明了并不是所有天体都是围绕地球旋转的。

伽利略的发现也帮助了其他的天文学家。他们发现在太阳系中，地球和其他行星都是围绕太阳运行的，这就是日心说。

82 与宇宙中其他的恒星相比，

太阳是渺小的。

尽管与地球相比，太阳非常巨大，但是，宇宙中还有很多体积巨大的恒星。这些恒星太大了，科学家不得不发明了一种特殊的计量单位——太阳半径。

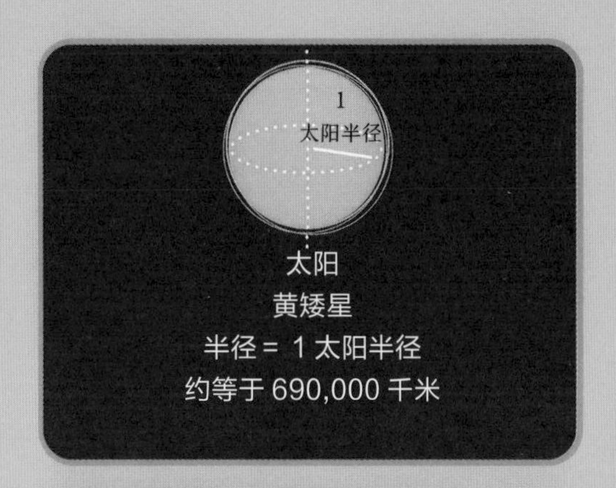

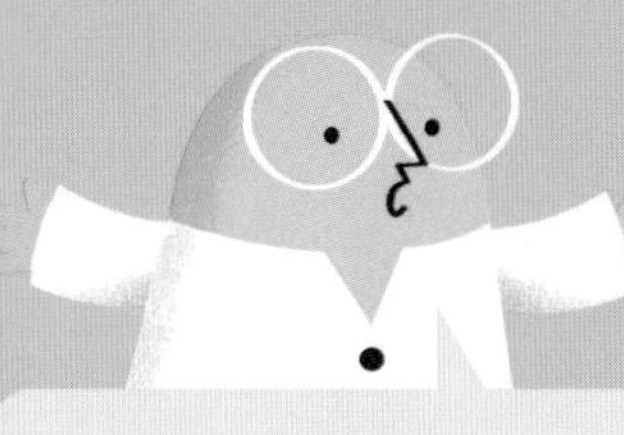

盾牌座 UY 是宇宙中已知的体积最大的恒星。如果将它放置在太阳系中心，木星都将被其吞没。

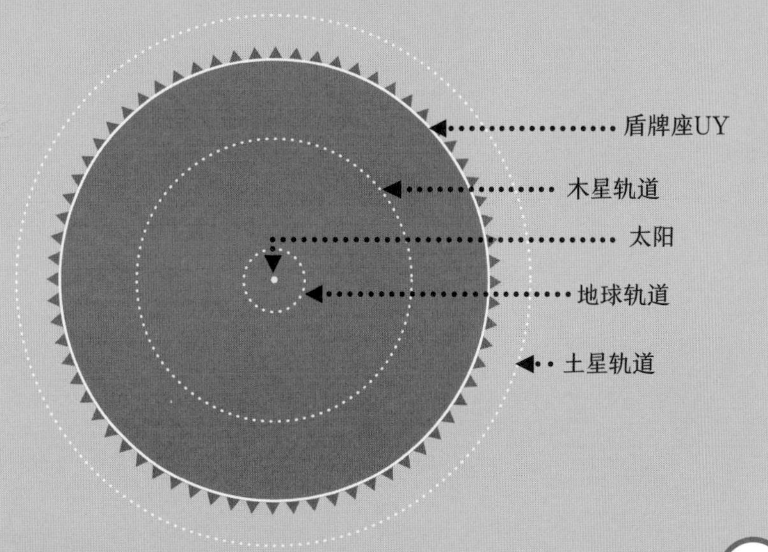

83 曾经有一颗来自宇宙的火球……

撞击了地球，但并没有太多人关注这件事。

1908 年，一颗小行星，或者说是彗星的碎片进入了地球大气层，并在空中发生爆炸，变成了一个巨大的火球。这一灾难性事件几乎无人关注，因为其发生在位于俄罗斯偏远地区的通古斯卡。

火球速度约

54,000 千米 / 时

火球温度约

1,650℃

爆炸威力巨大：

连续 4 晚，夜空变成了亮红色。

约 2,000 平方千米的森林化为灰烬。

约 8,000 万棵树轰然倒地。

0 人伤亡。

约 1,000 只麋鹿在大火中丧生。

84 早期航天服的设计灵感……

来自番茄天蛾的幼虫。

1943 年，工程师拉塞尔 · 科利在花园里发现了一条毛毛虫。

科利根据毛毛虫的形状研制出了新型航天服。

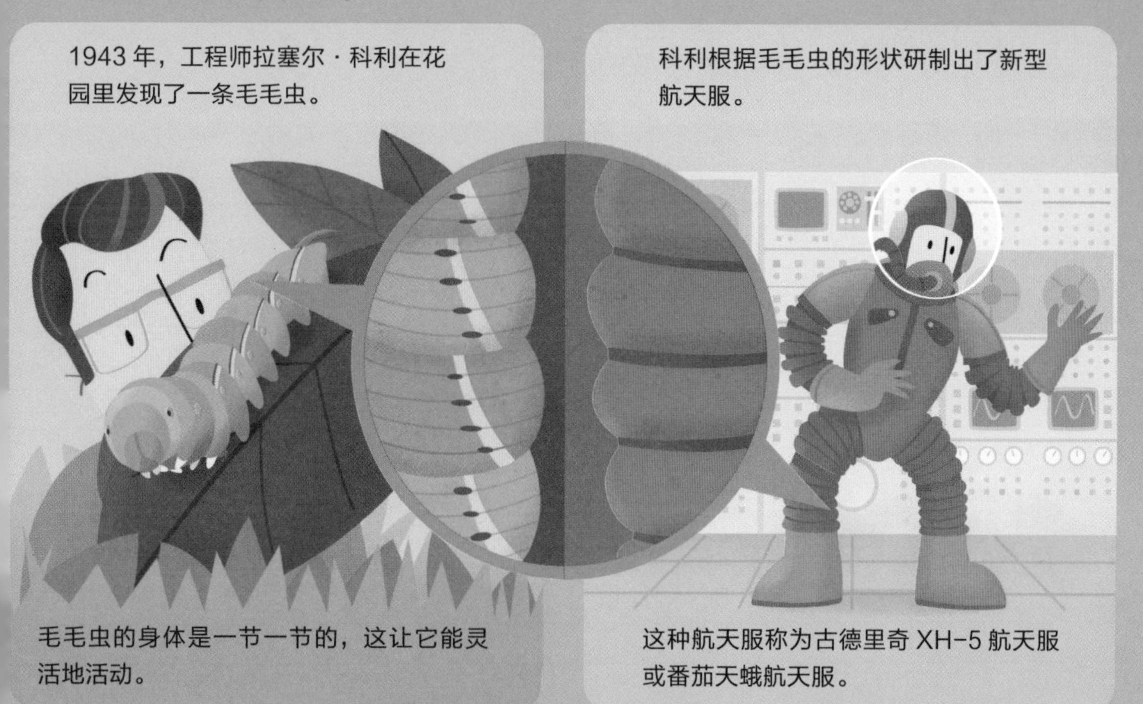

毛毛虫的身体是一节一节的，这让它能灵活地活动。

这种航天服称为古德里奇 XH-5 航天服或番茄天蛾航天服。

85 想要到达离太阳最近的恒星，

需要约 1,500 次的生命时光。

距离太阳最近的恒星是一颗名为比邻星的红矮星，距离仅有 4.25 光年。假如乘坐“阿波罗 10 号”宇宙飞船，以最快的速度前行，大约需要 100,000 年才能抵达。

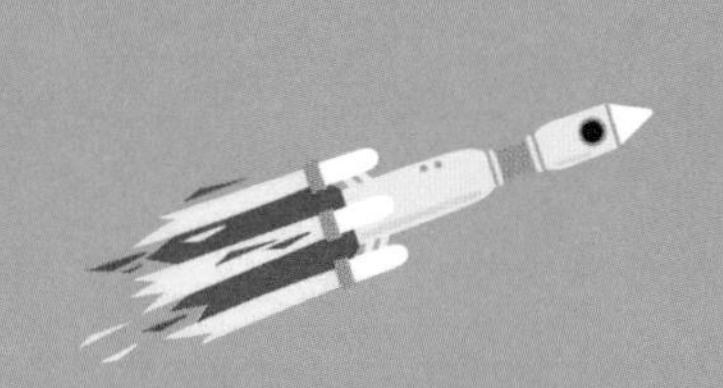

100,000 年

100,000 年前，人类的历史刚刚开始。

86 流浪行星……

几乎遍布了整个银河系。

经天文学家预估，银河系中大概有数十亿颗流浪行星。它们原本属于自己的恒星系统，可能在与其他行星发生剧烈碰撞后，最终脱离了原系统，不再围绕任何恒星旋转。

一些流浪行星也许可以支持生命生存。

如右图所示，水下生命可以聚集在炽热的羽状矿物质或气体周围，也可以飘浮在巨大的洞穴中。

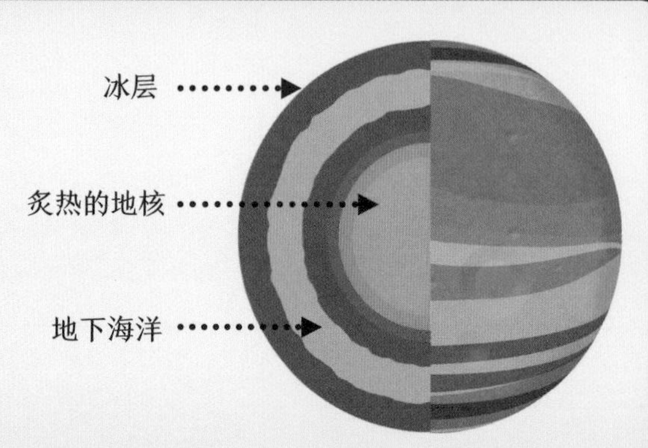

一些天文学家认为太阳系中曾经有一颗巨大的行星，在其他行星仍然待在自己的轨道中时，它却变成了流浪的行星。

探测流浪行星

我们看不见流浪行星，但可以通过引力透镜效应来发现它们。其原理是，当一颗流浪行星经过某颗遥远的恒星时，它的引力就像一个放大镜，使恒星的光线发生弯曲，亮度也暂时增加。

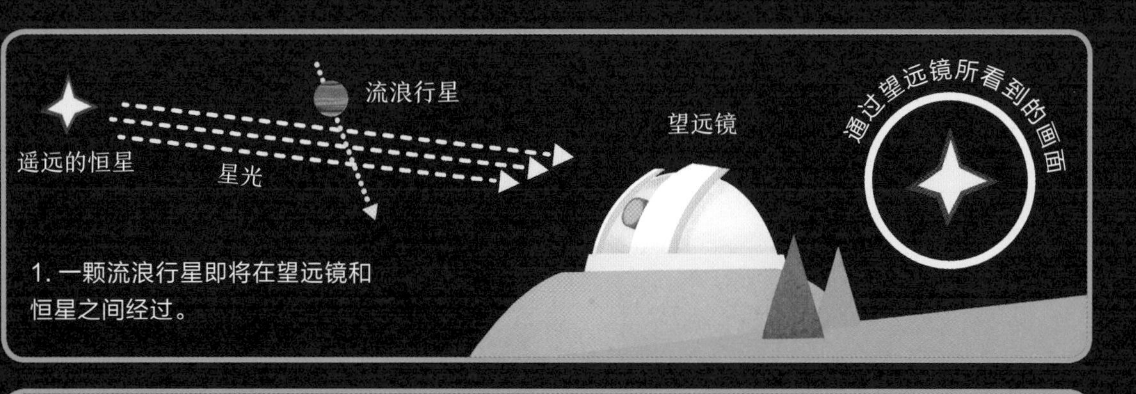

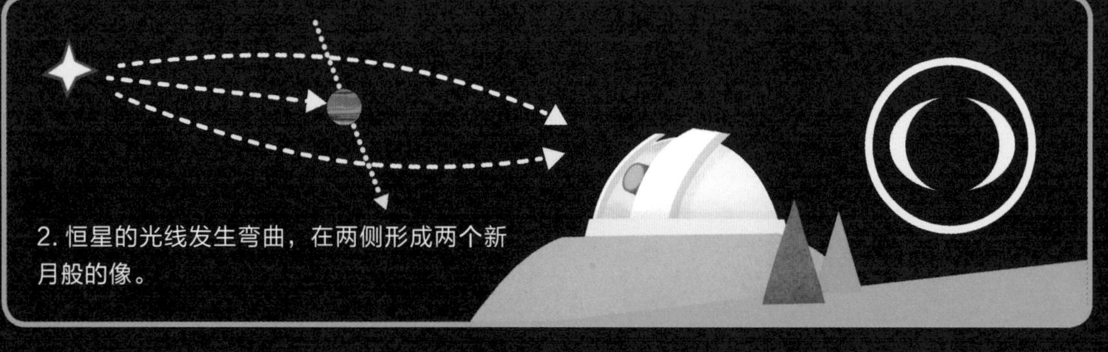

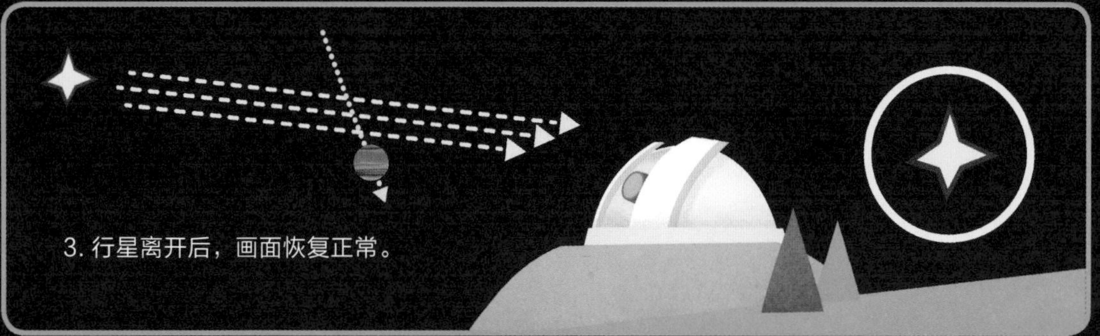

87 太阳表面的龙卷风不断形成，又不断消失，数量始终维持在 11,000 个左右。

太阳大气层中厚度最大的一层称为色球层，足有几千千米厚。色球层由炽热的磁性粒子构成，会形成转瞬即逝的龙卷风。

88 苏联的顶级火箭设计师……

一直处于隐姓埋名的状态。

谢尔盖·科罗廖夫是苏联火箭和宇宙飞船的首席设计师。由于害怕被外国特工绑架或杀害，在政府的要求下，科罗廖夫的身份一直处于严格保密状态。

1907 年

谢尔盖出生在乌克兰，他从小就非常喜欢滑翔机和飞机。

1938 年

正当谢尔盖致力于火箭的研究时，同事格鲁什科指控他犯有叛国罪。谢尔盖进了监狱。

1945 年

谢尔盖最终被无罪释放，并负责导弹研究项目，与格鲁什科再次成为同事。

1953 年

谢尔盖开始研制洲际弹道导弹。

1957 年

谢尔盖研制并成功发射了世界上第一颗人造卫星——“斯普特尼克号”。

诺贝尔奖委员会想将当年的诺贝尔奖授予“斯普特尼克号”的设计者，但最终未能实现，因为不知道设计者的身份。

谢尔盖获得了政府授予的绝密奖章，但不能佩戴。他不能出国旅行，甚至不能拍照。

1961 年

谢尔盖研制出的“东方号”宇宙飞船成为世界上第一艘载人宇宙飞船。

1966 年

谢尔盖死于一场外科手术。此后，他的名字才被公之于众。

89 有的小行星可以“喝”，

有的则可以用作火箭燃料。

太阳系中飘浮着数百万颗小行星，大多数是由碎石、碳和冰组成的。总有一天，这些冰也许会变成饮用水、火箭燃料和空气。

小行星百货中心

H_2O

O_2

O_2

H_2 H_2 H_2

美味的水！

来自木星的
优质氢气！

90 为防止意外发生，

很多火箭都配备有逃逸系统。

许多火箭发射端设计有一个小型火箭，这就是逃逸系统（LES)。在火箭起飞前和起飞过程中，万一火箭发生故障，逃逸系统可帮助航天员脱离险境。

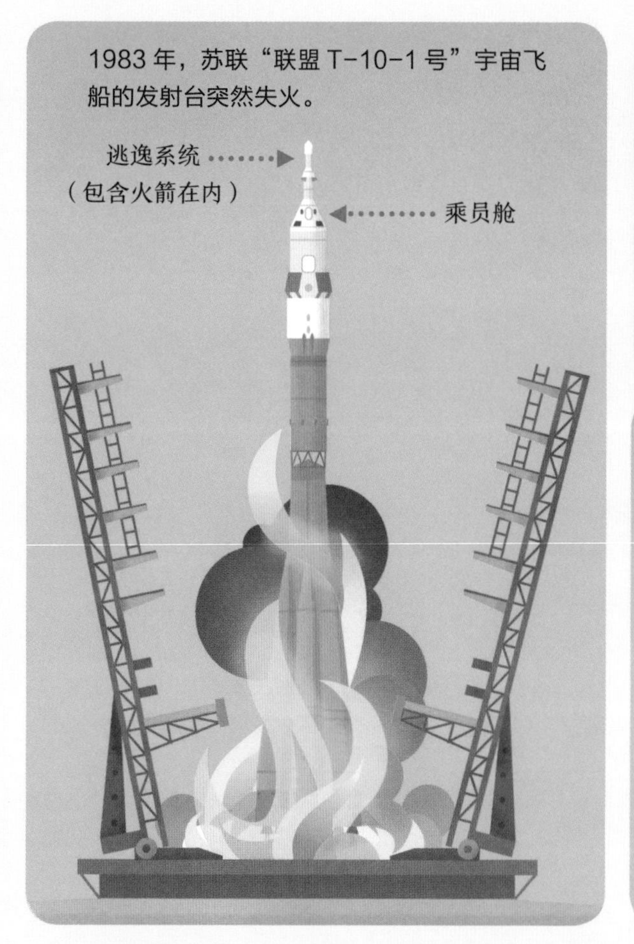

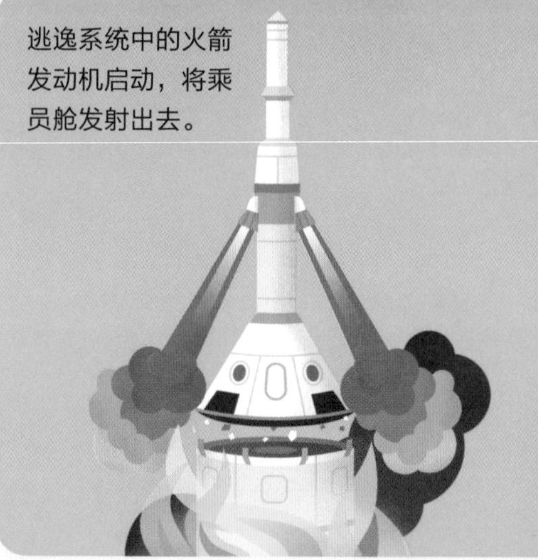

逃逸系统和乘员舱飞离发射台后会抛掉逃逸塔，并打开降落伞，安全着陆。
在逃逸系统的帮助下，两位苏联航天员在紧要关头逃过了一劫。

91 夜空中最亮的星星，

其实是两颗恒星。

仰望夜空，有一颗星星格外耀眼，它就是属于大犬座的天狼星。它看起来只是一颗亮度较高的恒星，实际上，它具有双星系统。也就是说，它是由两颗独立的恒星相互环绕形成。

92 穿着裙子的“电脑”们……

完成了早期火箭的飞行路线绘制工作。

20 世纪 50 年代，美国国家航空航天局雇用了一群女性数学家来手工计算火箭的飞行路线。其中一位数学家凯瑟琳·约翰逊表示，她们的工作虽然很重要，但说到底不过是一些穿着裙子的“电脑”而已。

为了绘制火箭飞行路线，火箭专家要考虑诸多因素。下面列出了影响“阿波罗 11 号”飞行任务的 8 个因素。

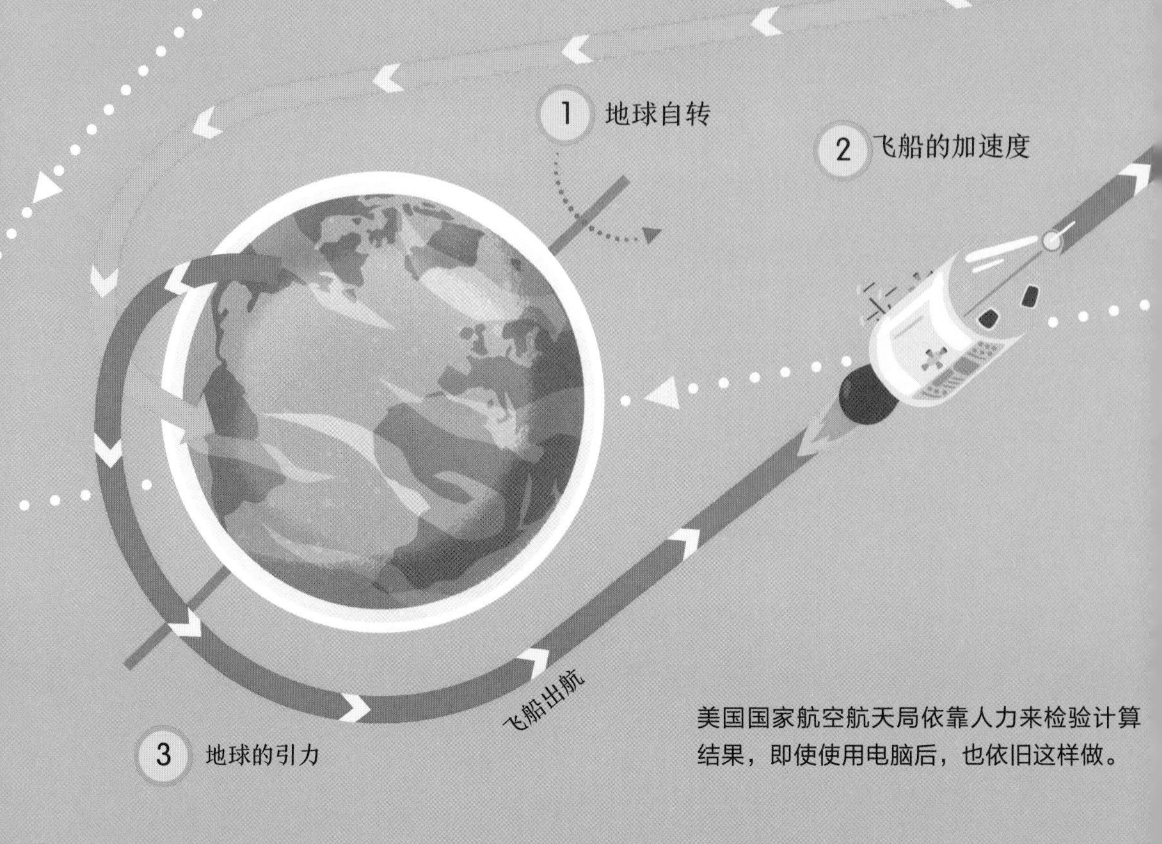

美国国家航空航天局依靠人力来检验计算结果，即使使用电脑后，也依旧这样做。

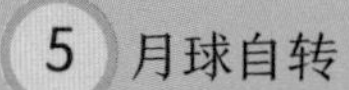

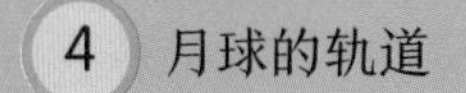

6 月球的引力

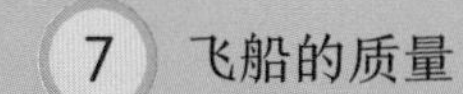

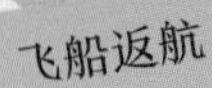

8 地球的轨道

凯瑟琳·约翰逊参与了美国国家航空航天局第一次载人航天计划和第一次载人登月计划。然而，她经过多次争取，才获得了航天技术人员的正式职位。

93 一些能做的事情，

并不意味着我们应该做。

太空探索中要考虑到很多问题，这里为你列举了其中的一些。

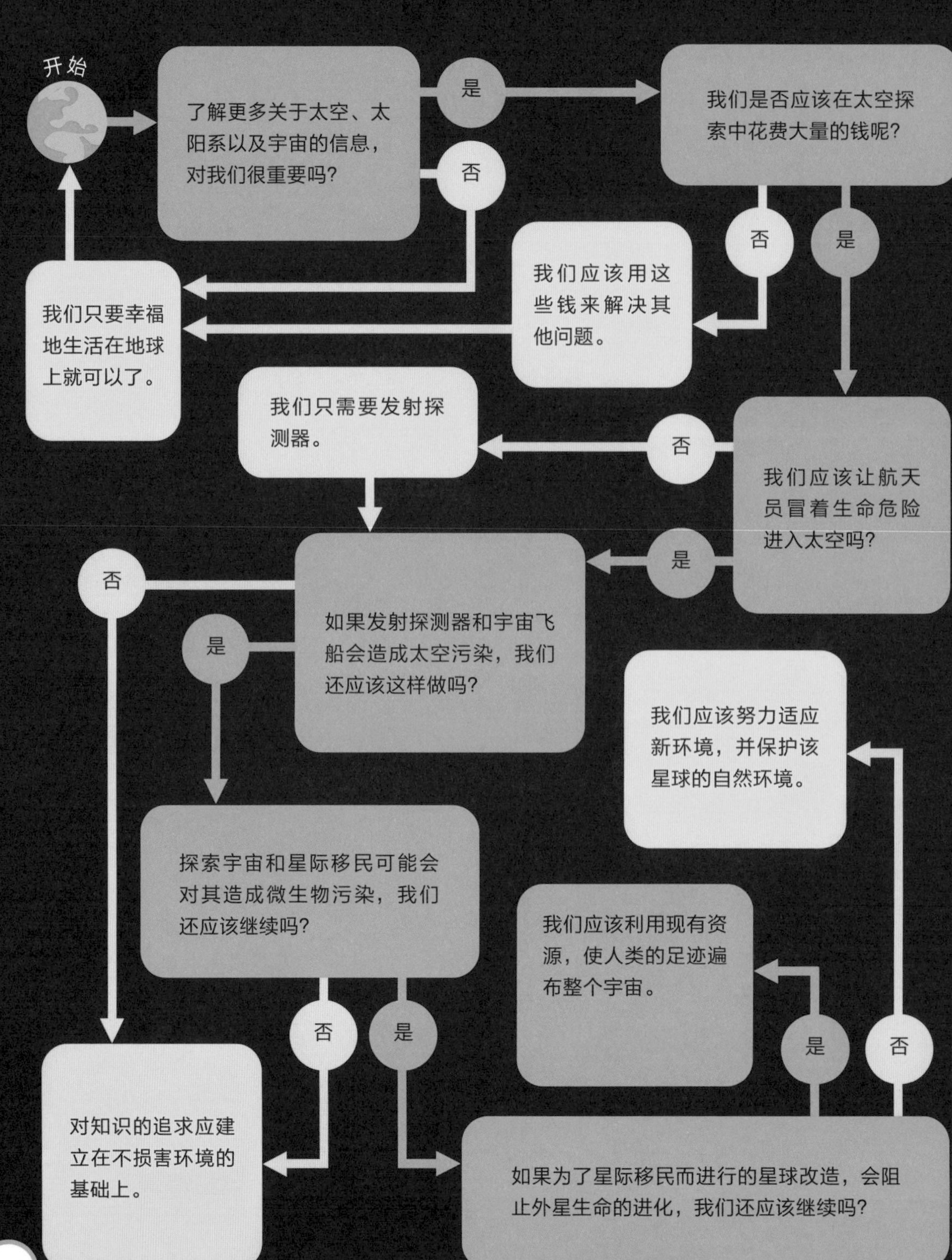

94 即使是小行星，

也有可能拥有星环。

土星因环绕在其外围运行的巨大、闪亮的星环和尘埃而闻名。但事实上，星环十分常见。2013 年，天文学家观测到了一颗小行星，它也有自己的环带。

我有13条光泽暗淡的星环，它们可能是由破碎的卫星组成的。

女凯龙星是一颗围绕天王星和土星运行的小行星。虽然它的直径只有 300 千米，但它有两圈清晰的星环围绕着它旋转。

我的星环虽然小，但它十分完美。

木星

我的星环是一系列细微的、几乎没有尘埃的圆盘。

女凯龙星的星环可能是与太空中的另一个物体碰撞后产生的。这些旋转的碎片或许会在几百万年后散落到宇宙中。

95 太空可以把你烧焦，

也可以把你冰冻。

在太阳光的直射下，即使距离它数百万千米，暴露在太空的物体也很快会被烧焦。一旦进入背光处，又会迅速冷却下来。

太阳

在太空中，热量的散失需要耗费数个小时，而不是几秒钟。

在金星向阳的一面，如果没有航天服的保护，人会在几秒钟内被太阳光烧焦。

96 有些卫星的体积……

居然比行星还要大。

比水星大的卫星	比月球大的卫星	比冥王星大的卫星
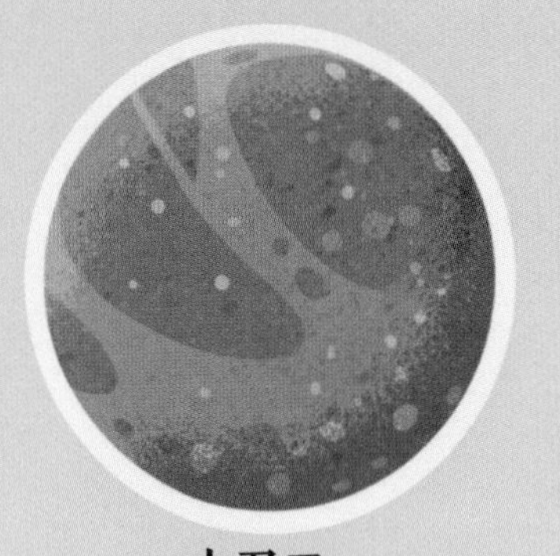	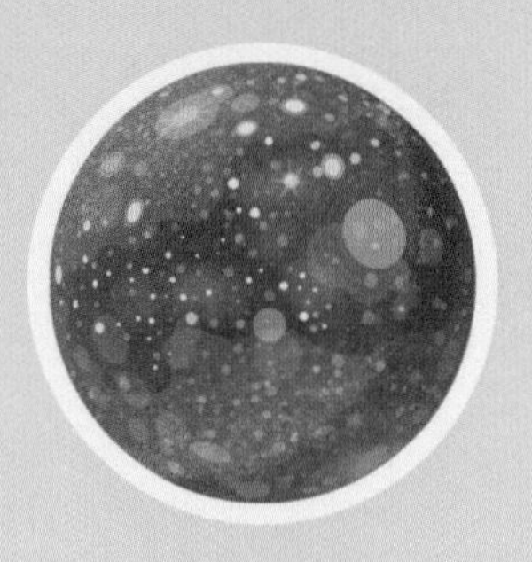	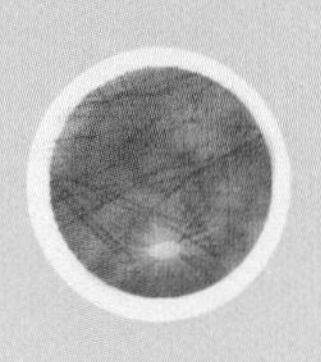
木卫三 木星的卫星 半径约 2,634 千米	**木卫四** 木星的卫星 半径约 2,410 千米	**木卫二** 木星的卫星 半径约 1,560 千米
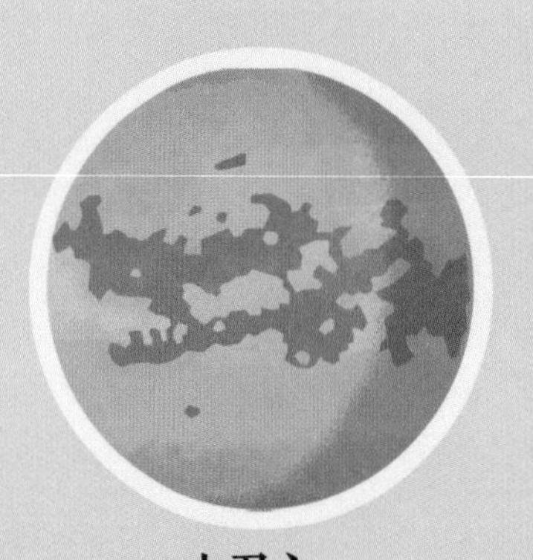	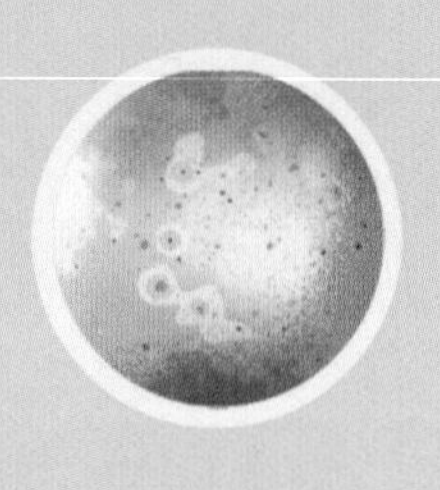	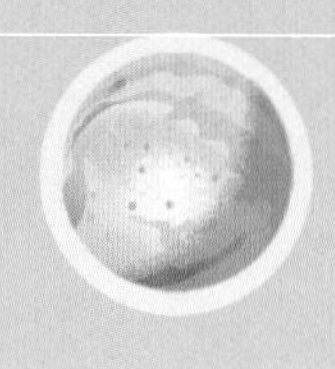
土卫六 土星的卫星 半径约 2,575 千米	**木卫一** 木星的卫星 半径约 1,822 千米	**海卫一** 海王星的卫星 半径约 1,353 千米
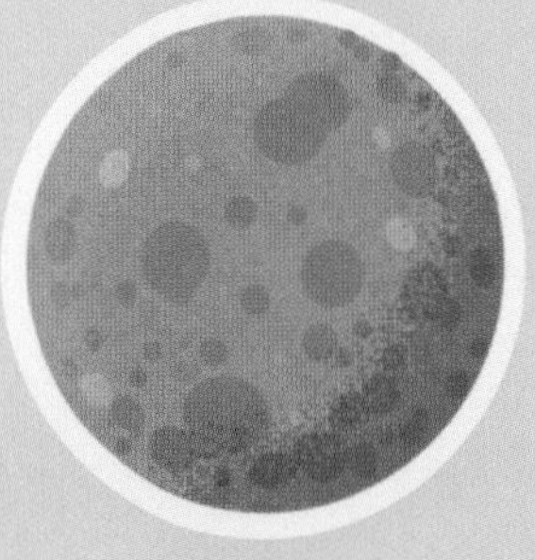	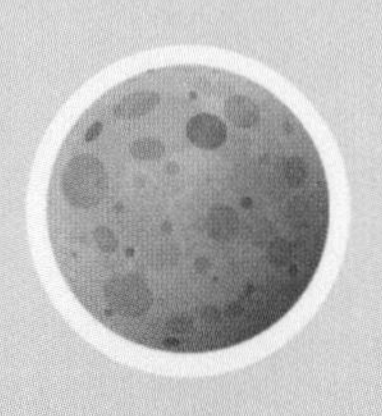	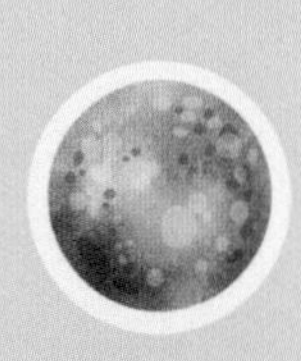
水星 行星 半径约 2,440 千米	**月球** 地球的卫星 半径约 1,737 千米	**冥王星** 矮行星 半径约 1,151 千米

97 为了躲避灾祸，

商店里曾经出售过抗彗星伞。

彗星绕太阳旋转，它由冰、岩石和气体组成。1910 年，天文学家预测哈雷彗星的尾巴会扫过地球，造成灾难性的后果。

文学家发现彗星的尾巴中含有
化物等有毒气体。

们害怕彗星撞击地球后，地球
被这些致命气体包围，表面还
堆满碎石块。

市场上出现了各种抗彗星产品，包括药丸和雨伞等。

但是，直到最后，什么事情也没有发生。

哈雷彗星得名于埃德蒙·哈雷爵士。1705 年，他首次发现曾被记录多次的彗星实际上是同一颗。这颗彗星每 75 年出现一次。哈雷彗星将于 2061 年 7 月再次出现。

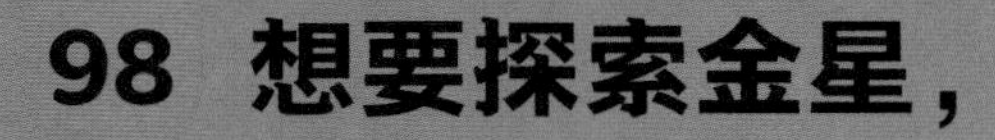

98 想要探索金星，

最好的方法是乘坐飞艇。

金星表面并不适合人类居住，但大气层上部的气压和温度与地球的十分相似。因此，飞过金星上空时，航天员是安全的。

美国国家航空航天局计划利用载人飞艇来探索金星，并为此制订了长期计划。其代号是 HAVOC，即金星高空运作概念。

金星上的大气层主要由二氧化碳构成。

金星上的平均风速堪比地球上的强飓风。

金星的大气层中有一层厚厚的黑云，主要成分是二氧化硫。

由于二氧化碳温室效应的影响，金星的表面温度常年在 460℃以上。

大气层下面是一个尘土飞扬、遍布火山的荒凉星球。

金星上的雨水含有致命的硫酸。

金星表面的大气压与地球海底的大气压相似。

99 如果你发现了一颗新彗星，

就可以用你的名字来命名它。

目前，人类已经发现了 4,000 多颗彗星，大多数都是一些天文爱好者发现的。由于每年发现的彗星太多，为此，国际天文学联合会制定了严格的命名规则。

第一个字母表示彗星的种类，以轨道周期为分类依据。
C——轨道周期超过 200 年的彗星。
P——轨道周期小于 200 年的彗星。
X——轨道周期未知的彗星。

表示发现彗星的年份。

C/2011 W3（拉夫乔伊）

以半个月为单位，按英文字母顺序排序，从而更加精确地表示彗星的发现时间。
例如，A 表示 1 月的上半月，B 表示 1 月的下半月。
W 表示 11 月的下半月。
3 表示这是同一个半月内发现的第 3 颗彗星。

最后一部分是发现者的名字。特里·拉夫乔伊是一位澳大利亚 IT 工程师，他已经在自家花园里发现了 5 颗彗星。

100 在遥远的未来，时间将会停止，而宇宙也将会走向尽头。

大多数天文学家认为，所有的恒星都将燃烧殆尽，宇宙中再也没有能维持物体运动的能量，时间也无法再测量。

温度将会降至最低，所有的行星都会停止转动，所有的生命都将死亡。

这就是所谓的宇宙热寂说。

但现在这种情况还不会发生，因为这是10^{100}年后的事情了。

术语表

本书对一些词语做了说明，帮助大家更好理解。有关宇宙的专有名词解释参见第 123 页。

矮行星：围绕恒星运行的天体，可能拥有自己的卫星，但体积比行星小。

暗物质：宇宙中一种肉眼不可见的物质，具有强大的引力。

白矮星：处于演化末期的恒星，不再有能量产生，但仍可以发光。

半球：球体的一半，通常指地球的南半球和北半球。

波长：波在一个振动周期内传播的距离。

超新星：大质量恒星死亡时产生的爆炸，其明亮程度如一个星系，可持续数月之久。

超星系团：数百万星系聚集在一起构成的天体系统。

乘员舱：宇宙飞船中运载航天员的舱段。

磁场：传递物体间磁力作用的场。

大气层：在行星和一些卫星周围的混合气体。

等离子体：由失去电子的原子构成的磁化、高温气体。

地球：太阳系八大行星之一。周围有大气圈包围，表面是陆地和海洋，有人类和动植物生存。

辐射：恒星等物体以电磁波和粒子的形式向外放射能量的现象，包括光和热。

光年：计量天体时空距离的单位。1 光年就是光一年走过的距离，约为 9 万亿千米或 63,000 天文单位。

光学望远镜：利用透镜或反射镜探测和增强可见光的一种望远镜。

轨道：天体在宇宙中运行的固定路线，如人造卫星围绕地球运行。

国际空间站（ISS）：绕地球运行的载人航天器，可供世界各国的航天员工作和生活。

核：行星等天体的中心部分。

黑洞：一种天体，具有极大的引力。

恒星：太空中的大型天体，可不断发生核聚变反应，持久地发出强烈的光和热。

红巨星：恒星步入老年期后形成的天体，体积膨胀，温度降低，颜色发红。

红外线：一种波长比红光大的不可见光，对人体无害。

彗星：主要由冰和尘埃组成，绕恒星运行的天体。

火箭：利用燃料的推力使宇宙飞船摆脱地球的万有引力，实现航天飞行的运载工具。

火山：炽热液体从行星或卫星地表喷发后所形成的环形坑。

激光：一种强力光束。

空间站：可供航天员工作和生活的航天器。

力：物体间的相互作用。

流浪行星：在星际空间中游荡，不围绕任何恒星公转的行星。

美国国家航空航天局（NASA）：美国负责空间探索和研究的政府机构。

密度：物质每单位体积内的质量。

欧洲航天局（ESA）：一个致力于太空探索的欧洲组织。

奇点：时空中的一点，曾经包含宇宙中所有的物质。

日食：指地球进入月球的本影中，太阳被遮蔽的现象。

射电望远镜：探测微波或无线电波等不可见辐射的望远镜。

生物体：有生命的物体。

失重：物体在引力场中自由运动时有质量而不表现重量或重量较小的一种状态。

苏联：由多个加盟共和国组成，1922 年成立，1991 年解体，是太空竞赛的主要参与者之一。

太空竞赛：1955 年至 1972 年，出于政治目的，美国和苏联围绕将航天器和航天员送入太空和月球开展的竞赛，以争夺太空霸主地位。

太阳系：太阳以及围绕太阳运行的行星、卫星和小行星等天体的集合。

探测车：可在其他星球地面行走并进行考察的航天器，通常由地面进行遥控操作。

探测器：用于探索太空等未知地点的无人驾驶的航天器。

体积：物体所占空间的大小。

天文单位（AU）：计量天体之间距离的一种单位。1AU 就是地球和太阳之间的平均距离。

推力：推动物体运动的力，如火箭在燃料燃烧的反作用下发射升空。

万有引力：存在于任何两个物体之间的相互吸引的力。

望远镜：可帮助人们观测遥远物体的光学仪器。

微波：恒星发出的一种辐射。微波不可见，但可以用射电望远镜探测到。

微生物：细菌等微型生物。

卫星：月亮等绕行星运行的天体，或能接收和发送信号的人造航天器。

无线电波：恒星发出的一种辐射。无线电波不可见，但可以用射电望远镜探测到。

物质：独立存在于人的意识之外的客观存在。

小行星：太空中绕恒星运行的小天体，体积远小于行星或者矮行星。

星系：由无数恒星和星际物质组成的天体系统。

星系空间：两个或多个星系之间的区域。

星云：尘埃和气体组成的巨大的云雾状天体，随着时间的推移，可能会聚集在一起形成恒星和行星。

星座：构成一定图案的恒星组合。

行星：围绕恒星运行的大型天体。

压力：一个物体对另一个物体表面的作用力，如大气层对人体产生的压力。

移民：迁往其他地区并永久定居的人。

已知宇宙：整个宇宙的一部分，指人类可以借助仪器来观测的空间，也称可观测宇宙。

引力：两个物体互相吸引产生的力就叫作引力。

宇宙：包括地球及其他一切天体的无限空间。

宇宙大爆炸：一种理论，认为宇宙是奇点突然爆炸产生的，并处于不断膨胀之中。

宇宙飞船：可在太空中飞行的航天器。

宇宙微波背景辐射：宇宙大爆炸的残余辐射，遍布整个宇宙。

原子：构成宇宙中所有可见物质的最小单位。

月球：指月亮。

陨石：太空中降落到行星或卫星表面的小天体。

陨石坑：行星或卫星表面由于流星等小天体撞击而形成的凹坑。

质量：是物体具有的一种物理属性，是物质的量的量度。

中子星：大质量恒星燃烧殆尽后所形成的致密天体，和行星差不多大小。

着陆器：用于登陆月球或小行星的飞船部件。

自由落体：一种物体只在重力的作用下且初速度为零的运动。

宇宙专有名词解释

宇宙不仅是一片浩瀚的星空，更是一个充满未解之谜的、广阔的研究领域。下面介绍其中一些研究领域专家的职业名称。

大气科学家：研究大气层的科学家，特别是系外行星和卫星的大气层。

飞行控制师：部署并监控航天器从发射到着陆全过程的大型团队。

工程师：设计和制造装备或机器的人。

航空工程师：研制火箭和飞船等航天器的工程师。

航空军医：负责航天员在训练期间的疾病预防与治疗，密切关注航天员在执行航空任务期间的健康状况的人。

考古天文学家：研究天文学历史的人。

天体化学家：以恒星、行星、卫星、小行星和彗星上的物质为研究对象的人。

天体生物学家：研究太空、行星和卫星上生物的人。

天体物理学家：研究天体运行规律的人。

天文学家：以太空为研究对象的人，通常使用光学望远镜或射电望远镜来探测遥远的天体。

系外行星科学家：研究系外行星的科学家。

行星科学家：研究行星、卫星和太阳系的科学家。

航天员：以太空飞行为职业的人。

宇宙学家：研究宇宙起源和终结的人。

索引

桂图登字：20-2019-077

Batch no: 03622/29
First published in 2016 by Usborne Publishing Limited, England.

图书在版编目（CIP）数据

关于宇宙，你要知道的100件事 / 英国尤斯伯恩出版公司编著；邱亮，田丽贤译 . — 南宁：接力出版社，2022.5
（少年科学院）
ISBN 978-7-5448-7622-3

Ⅰ . ①关…　Ⅱ . ①英…②邱…③田…　Ⅲ . ①宇宙－少年读物　Ⅳ . ① P159-49

中国版本图书馆 CIP 数据核字 (2022) 第 026465 号

责任编辑：周琰冰　　美术编辑：张　喆
责任校对：阮　萍　　责任监印：郝梦皎　　版权联络：闫安琪
社长：黄　俭　　总编辑：白　冰
出版发行：接力出版社　　社址：广西南宁市园湖南路9号　　邮编：530022
电话：010-65546561（发行部）　　传真：010-65545210（发行部）
http://www.jielibj.com　　E-mail:jieli@jielibook.com
印制：鹤山雅图仕印刷有限公司　　开本：710毫米 × 1000毫米　1/16
印张：8.5　　字数：110千字
版次：2022年5月第1版　　印次：2022年5月第1次印刷
印数：00 001—10 000册　　定价：68.00元

本书中的所有图片由原出版公司提供
审图号：GS（2022）1382号

读完这本书，你有什么收获呢？

如果你想了解更多关于宇宙的知识，
可以阅读其他和宇宙有关的图书，
或者在丰富的网络资源中查找。

温馨提示：网络上的内容良莠不齐，最好在爸爸妈妈的陪同下查询。

特别感谢团队人员共同完成了本书的编写和出版工作。

研究&编写：
亚历克斯·弗里思
爱丽丝·詹姆斯
杰尔姆·马丁

版面设计：
马修·布罗姆利
伦卡·瑞诺瓦
斯蒂芬·蒙克利夫
海莉·威尔斯

插图：
弗德里科·马里亚尼
肖·尼尔森

丛书编辑：
露丝·布罗克赫斯特

太空专家：
尼克·霍维斯

其他编辑素材：
马修·奥尔德姆，黑兹尔·马斯凯尔

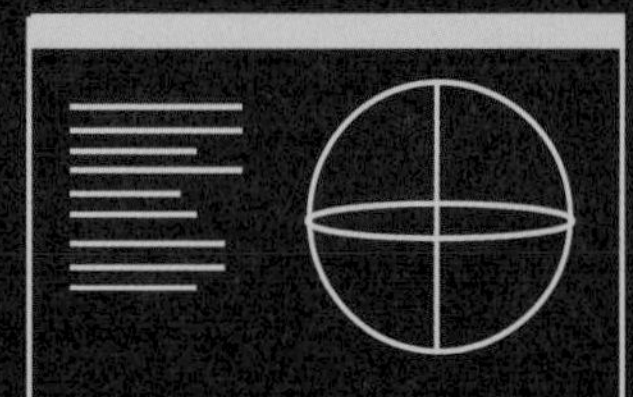

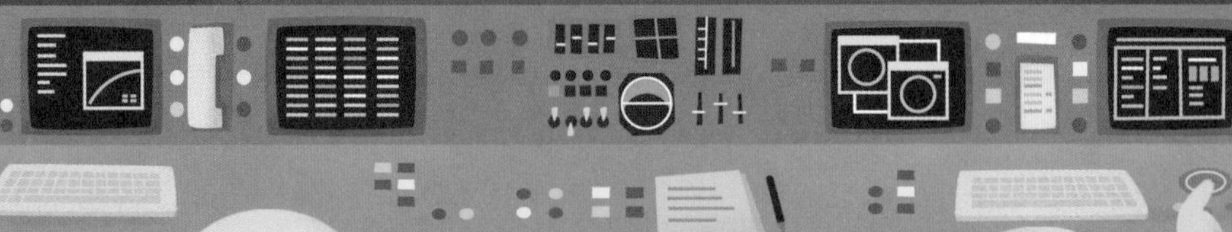